工业造型设计原理

/ Industrial Modeling Design Principles

编 著 闫启文 雷 光 陈 峰 张 帅

辽宁美术出版社

Liaoning Fine Arts Publishing House

序 >>

「 当我们把美术院校所进行的美术教育当作当代文化景观的一部分时，就不难发现，美术教育如果也能呈现或继续保持良性发展的话，则非要“约束”和“开放”并行不可。所谓约束，指的是从经典出发再造经典，而不是一味地兼收并蓄；开放，则意味着学习研究所必须具备的眼界和姿态。这看似矛盾的两面，其实一起推动着我们的美术教育向着良性和深入演化发展。这里，我们所说的美术教育其实有两个方面的含义：其一，技能的承袭和创造，这可以说是我国现有的教育体制和教学内容的主要部分；其二，则是建立在美学意义上对所谓艺术人生的把握和度量，在学习艺术的规律性技能的同时获得思维的解放，在思维解放的同时求得空前的创造力。由于众所周知的原因，我们的教育往往以前者为主，这并没有错，只是我们需要做的一方面是将技能性课程进行系统化、当代化的转换；另一方面，需要将艺术思维、设计理念等这些由“虚”而“实”体现艺术教育的精髓的东西，融入我们的日常教学和艺术体验之中。

在本套丛书出版以前，出于对美术教育和学生负责的考虑，我们做了一些调查，从中发现，那些内容简单、资料匮乏的图书与少量新颖但专业却难成系统的图书共同占据了学生的阅读视野。而且有意思的是，同一个教师在同一个专业所上的同一门课中，所选用的教材也是五花八门、良莠不齐，由于教师的教学意图难以通过书面教材得以彻底贯彻，因而直接影响教学质量。

在中国共产党第二十次全国代表大会上，习近平总书记在大会报告中指出：“教育、科技、人才是全面建设社会主义现代化国家的基础性、战略性支撑……全面贯彻党的教育方针，落实立德树人根本任务，培养德智体美劳全面发展的社会主义建设者和接班人。坚持以人民为中心发展教育，加快建设高质量教育体系，发展素质教育，促进教育公平。”党的二十大更加突出了科教兴国在社会主义现代化建设全局中的重要地位，强调了“坚持教育优先发展”的发展战略。正是在国家对教育空前重视的背景下，在当前优质美术专业教材匮乏的情况下，我们以党的二十大对教育的新战略、新要求为指导，在坚持遵循中国传统基础教育与内涵和训练好扎实绘画（当然也包括设计、摄影）基本功的同时，借鉴国内外先进、科学并且灵活的教学方法、教学理念以及对专业学科深入而精微的研究态度，努力构建高质量美术教育体系，辽宁美术出版社同全国各院校组织专家学者和富有教学经验的精英教师联合编撰出版了美术专业配套教材。教材是无度当中的“度”，也是各位专家多年艺术实践和教学经验所凝聚而成的“闪光点”，从这个“点”出发，相信受益者可以到达他们想要抵达的地方。规范性、专业性、前瞻性的教材能起到指路的作用，能使使用者不浪费精力，直取所需要的艺术核心。从这个意义上说，这套教材在国内还具有填补空白的意义。 」

目录 contents

第1章　工业产品造型设计概论

1.1 工业产品造型设计的概念

1.1.1 概 述

工业产品造型设计属于工业设计的范畴。工业设计是随着社会的发展、科学的进步、人类社会进入现代生活而发展起来的一门新兴学科。它从诞生之日起，就不断地给世界带来惊喜，并在一个多世纪的发展过程中又不断被注入新的内涵。

工业设计是经过产业革命实现工业化大生产后的产物。工业设计一词最早出现在20世纪初的美国，之后在世界各地广泛传播。成立于1957年的国际工业设计协会联合会是工业设计的最高管理机构，总部设在比利时的布鲁塞尔。国际工业设计协会联合会曾多次组织专家给工业设计下定义，在1980年举行的第十一次年会上公布的最新修订的工业设计的定义为：就批量生产的产品而言，凭借训练、技术知识、经验及视觉感受而赋予材料、结构、构造、形态、色彩、表面加工以及装饰以新的品质和资格，叫做工业设计。根据当时的具体情况，工业设计师应在上述工业产品的全部侧面或其中的几个方面进行工作，而且，当需要设计师对包装、宣传、展示、市场开发等问题的解决付出自己的技术知识和经验以及视觉评价能力时，也属于工业设计的范畴。

由此可见，工业设计的定义，其内涵和外延都极具伸缩性，可有广义和狭义的理解。广义的工业设计几乎包括我们所指的“设计”的全部内容；而狭义的工业设计是指工业产品的设计，其核心是对工业产品的功能、材料、构造、形态、色彩、表面处理、装饰诸要素从社会、经济、技术、审美的角度进行综合处理。

工业设计包含的内容非常广泛，分类方法也很多。近年来，越来越多的设计师和理论家倾向于按设计目的将其划分为：产品设计、视觉传达设计和环境设计三大类型。这种划分具有相对广泛的包容性、正确性和科学性，其原理是将构成世界的三大要素“自然—人—社会”作为划分的坐标点，它们的对应关系，形成相应的基本设计类型。

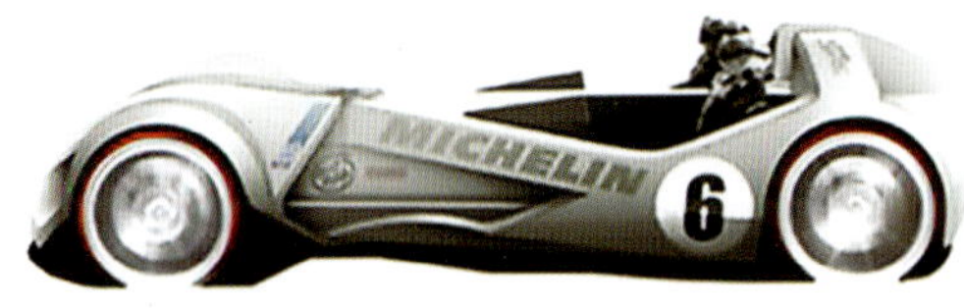

视觉传达设计一词于20世纪20年代开始使用，它是利用视觉符号来进行信息传达的设计。主要应用领域有字体设计、标志设计、插图设计、编排设计、广告设计、包装设计、展示设计和影视设计等。

广义的产品设计包括人类的一切造物活动。现代意义的产品设计即对产品的造型、结构和功能等进行综合设计，以便制造出符合人们需要的实用、经济、美观的产品。因此，产品是指人类生产制造的物质财富，它是由一定物质材料以一定结构形式结合而成的和具有相应功能的客观实体，是人造物，不是自然而成的物质，也不是抽象的精神世界。

在这三种设计类型中，环境设计是最新的设计概念。一般的理解，环境设计是对人类的生存空间进行的设计，包括城市规划设计、建筑设计、室内设计、室外设计和公共艺术设计。

1.1.2 工业产品造型设计的特征和原则

设计一词从诞生之初就与艺术、技术和经济等概念有着不解之缘，在千百年的发展历程中，更强化了这种紧密联系。设计学作为一门专门的学科，有着自己的研究对象，由于设计与特定社会的物质生产和科学技术的联系，使设计本身只有自然科学的客观性特征，而设计与特定社会的政治、文化、艺术存在的显而易见的关系，又使设计学在另一方面有着特殊的意识形态色彩。

工业产品造型设计是设计学科的一个组成部分。它着眼于物品的创造，这种创造要包含有使用价值的物质功能，又含有给人产生美感的精神功能，也就是说它具有物质与精神双重性功能，这就是工业产品造型设计的特征。在工业产品造型设计的长期实践中，人们逐渐确立了它的基本原则：实用、经济、美观。

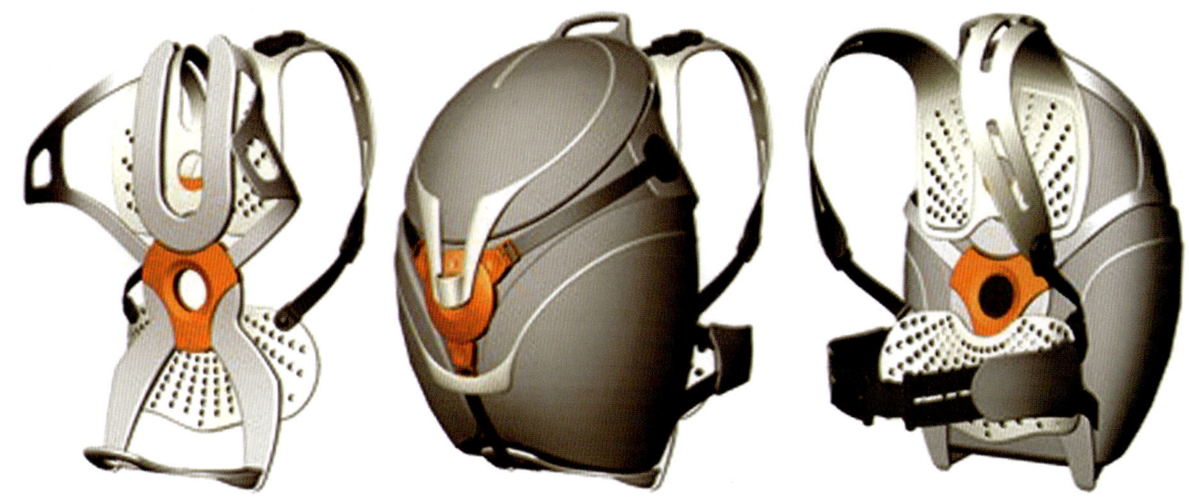

美观是指产品造型美，是产品整体体现出来的全部美感的综合。主要包括产品的形式美、结构美、工艺美、材质美及产品体现出来的时代感和民族风格等。

经济性体现了产品与市场、销售、价格等有着不可分割的联系。如何降低成本，提高经济效益是工业产品造型设计面临的任务。

采用自动化程度高的先进加工工艺。

采用新工艺和新材料，依据价值工程原理，降低材料成本，以最少的财力、物力和时间取得最好的经济效益。

结构合理，便于加工、包装、运输、安装和回收。

实用、经济、美观的设计三原则，是互相关联、互相制约的，三者缺一不可。它们之间的基本关系是：在实用的前提下讲究美观，实用与美观须以经济因素为制约条件。但是，三者也不是绝对等量关系，常常因产品的功能性质、使用情况及市场销售等不同的特点而有所侧重，往往会突出某个原则。恰当地处理好三者关系，才能取得最佳效果，否则会丧失时机。因此，要掌握并运用好工业产品造型设计三原则，须具备市场学、管理学、生产制造工艺、价值工程、产品造型基础等多方面的专业知识，只有这样才能创造出满足市场需求的产品。

1.1.3 工业产品造型设计的组成要素

工业产品应具有明确的使用功能及与其相适应的造型，这两者都须由某种结构形式、材质和工艺方案来保证，才能创造出理想产品来。由此看出，工业产品造型设计具有三个要素，即功能基础、物质技术基础和美学基础。功能体现产品的实用性，物质技术条件反映产品的科学性，形象的塑造显示产品的艺术性。它们相互依存、相互制约、相互渗透，成为完整的产品中不可缺少的部分。

功能基础功能就是产品的用途与性能，既是产品的设计目的又是产品赖以生存的根本条件。每件工业产品都应具有使用功能，如机床有加工零件和组装分选零部件的作用，电子计算机有储存信息和高速准确运算的功能。功能对产品的结构和造型起着主导的、决定性的作用，一般，精密的加工机床、仪器仪表在造型上应表现出高级、雅致和细巧的艺术效果。大型、高强度、大容量的机器设备，表现出庄重、坚固和稳定的艺术效果。

功能决定造型，造型表现功能，但造型既不是简单的功能件的组合，也不是杂乱无章的堆砌，而是建立在研究人和机器的关系之上，即机器、设备的设计要考虑人机系统的协调性，给人以亲近感，使人感到使用操作舒适、安全、省力、高效，从而更好地体现出功能特点和效用。

物质技术基础是体现产品功能的保证，其中包括结构、材料、工艺、配件的选择，生产过程的管理以及采用合理的经济性条件。

产品的结构方式是体现功能的具体手段，是实现功能的核心因素，在考虑结构的同时须考虑所用的材料与加工工艺方法。不同的材料有不同的物理、化学、力学性能，以及与其性能相适应的成形工艺，并具有不同的外观质量、肌理效果。其他如生产管理好坏、经济上的合理性以及配件的选用等，也会直接影响产品的造型效果。

美学基础工业产品的审美功能要求产品的形象有优美的形态，给人以美的享受。设计者根据形式法则、时代特征、民族风格，通过点、线、面、空间、色彩、肌理等一系列的要素，构成形象，产生审美价值。人们的审美观在诸多因素影响下，总是在不断发展变化的，所以工业产品造型设计须不断地总结经验，了解和掌握科学技术、文化艺术发展的趋势，寻求正确的审美观，灵活运用美学法则，深入研究形态构成、线型组织、色彩配置等造型理论、基本规律及方法，才能创造出有特色的产品形象。工业产品造型设计的三要素是互相影响、互相促进和互相制约的。一般，有什么样的功能，就要求与其相适应的造型形式；反之，造型形式也可使功能得到更好的发挥。如仪器仪表的设计，因为需要读数、操作，故要求各类表头设计须易读，计数器须准确、可视性好；显示器的显示信号须稳定、明确、清晰度高；各种操纵器的位置、方向、角度、排列、形状、大小等都要适合人的视觉和有关器官的活动特点和习惯。

AQUA-BOT

功能基础是工业产品造型设计的主要因素，起着主导性和决定性的作用。但是，如果没有物质条件和工艺条件来保证，就很难体现出良好的功能，如果单纯强调功能而忽视造型美的探求，也就不能满足人们对产品的审美性要求，三者紧密结合就能创出优质产品。

1.1.4 工业产品造型设计的基本要求

工业产品造型设计是为人类的使用而进行的设计，是为人服务的，因此设计须满足以下基本要求：

1.功能性要求　现代产品的功能有较前更为丰富的内涵，其中包括：

（1）物理功能　产品的性能、构造、精度和可靠性等。

（2）生理功能　产品使用的方便性、安全性、宜人性等。

（3）心理功能　产品的造型、色彩、肌理和装饰诸要素给人愉悦感等。

（4）社会功能　产品象征或显示个人的价值、兴趣、爱好或社会地位等。

2.审美性要求　现实中的绝大多数产品都是满足大众需要的物品，产品的审美不是设计师主观的审美，而要符合大众普遍性的审美情调，这是实现其审美性的要求。产品的审美须是满足功能基础，通过新颖性和简洁性来体现，而不是过多地依靠装饰。

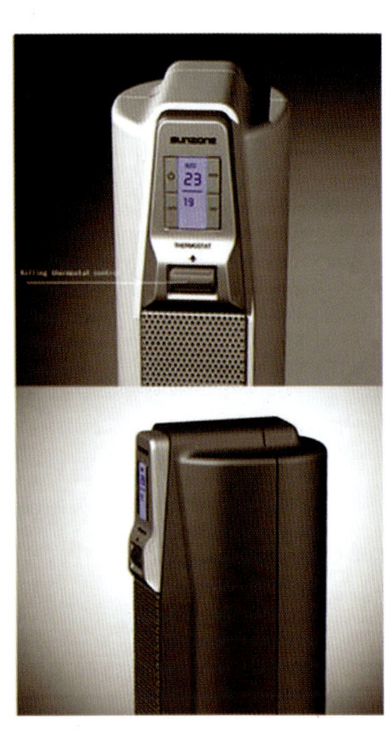

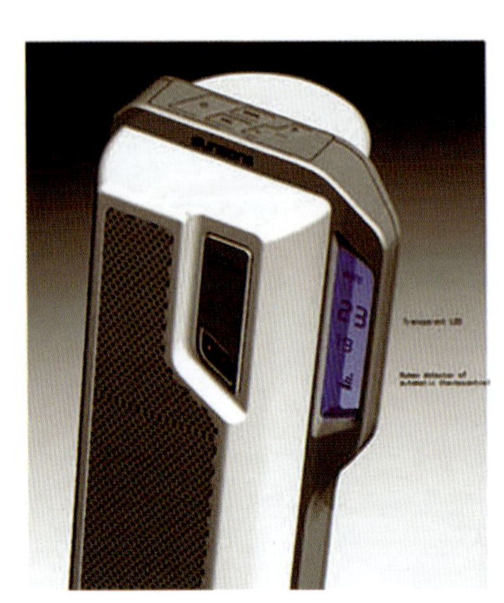

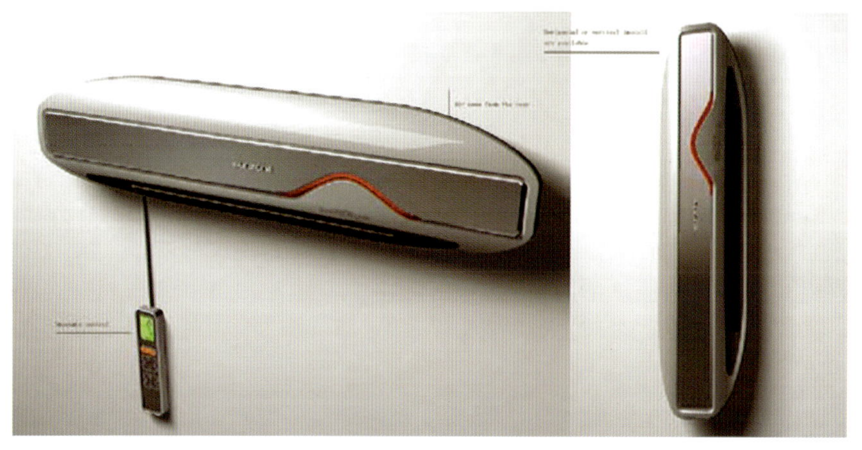

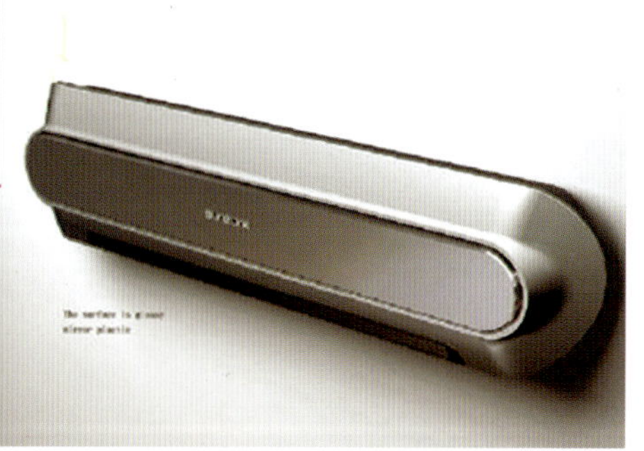

3.经济性要求　除了满足个别需要的单件制品，现代产品几乎都是供多数人使用的批量产品。工业产品造型设计者须从消费者和生产者的利益出发，尽量降低产品的成本、提高价值，做到物美价廉，以满足整个社会的需求。

4.创造性要求　设计的内涵就是创新。在现代高科技、快节奏的市场经济条件下，产品更新换代的周期日益缩短，创新和改进产品都须突出独创性，毫无新意的产品必将被市场所淘汰。

5.适应性要求　物品总是供特定的使用者在特定的环境下使用的。因而工业产品造型设计不能不考虑产品与人、物、时间和地点的关系，产品须适应这些由人、物、时间、地点和社会诸多因素构成的使用环境的要求，否则，它就不能生存下去。

除此之外，工业产品造型设计还应满足易于认知、理解和使用的特点，符合环境保护、社会伦理、专利保护、安全性和标准化等方面的要求。

1.1.5 工业产品造型设计的分类

如上所述，工业产品造型设计包含的内容非常广泛，分类方法繁多。按设计性质划分，它可分为式样设计、形式设计和概念设计；按产品种类可包括家具设计、服装设计、纺织品设计、日用品设计、家电设计、交通工具设计、文教用品设计、医疗器械设计、通信用品设计、工业设备设计和军事用品设计等内容。

1.按设计性质划分

（1）式样设计　工业产品造型设计对现有的技术、材料和消费市场等进行研究，改进现有产品的设计。

（2）形式设计　工业产品造型设计着重对人们的行为与生活难题的研究，设计出超越现有水平，满足数年后人们新的生活方式所需的产品，强调生活方式的设计。

（3）概念设计　工业产品造型设计不考虑现有生活水平、技术和材料，纯粹在设计师预见能力所及的范畴内考虑人们的未来与未来的产品，是一种开发性的、对未来从根本概念出发的设计。

2．按产品种类划分

（1）家具设计　家具是人类日常生活与工作必不可少的物质器具。好的家具既能使人的生活与工作舒适便利、提高效率，又能给人以愉悦的精神享受。家具设计，是根据使用者要求与生产工艺的条件，综合功能、材料、造型与经济等方面的因素，以图样形式表现出来的设想和意图。设计过程包括草图、三视图、效果图的绘制以及小模型与实物模型的制作等。家具种类繁多，按功能划分主要有：坐卧家具、凭依家具和贮存家具，与此对应的主要有床、椅、台、柜四种家具；按使用环境可分为：卧室、会客室、书房、餐厅、办公室及室外家具；按材料可分为：木、金属、钢木、塑料、竹藤、漆工艺、玻璃等家具；按体型可分为单体家具和组合家具等。

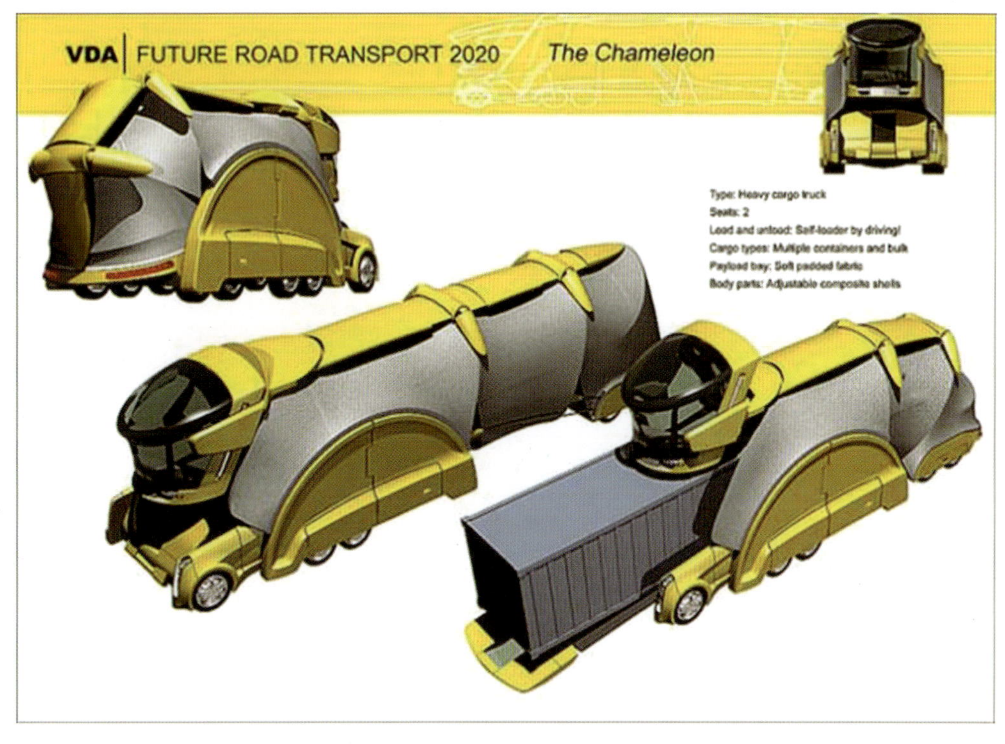

Nido design Javier Mariscal

Julian design Javier Mariscal

（2）服饰设计　它是指服装设计及附属装饰配件的设计。现代人的穿着不只是为了保暖、御寒、遮体，也不只是为了舒适实用，更重要的是展示穿着者的个性、爱好及衬托其气质风度、文化水准与身份象征。因此，服饰设计不仅需要具备设计技术素质，而且需掌握人们的服饰心态、民风习俗等社会文化知识。

服装设计包括服装的外部轮廓、造型、内部结构(衣片、裤片、裙片)和局部结构(领、袖、袋、带)设计，还包括服装的装饰工艺和制作工艺设计。设计时须综合考察穿衣季节、场合、用途及穿衣人的体形、职业、性格、年龄、肤色、经济状况和社会环境等，以使服装不只是穿着舒适美观，同时能体现穿衣人的气质和性格特点。

服饰设计除了服装设计外，还有附属装饰品设计。例如耳环、项链、别针和戒指等，佩饰于身上，可与服装交相辉映，更加焕发服装的生命力。其他的，如帽子、手套、皮包和围巾等，除了发挥原有的实用价值外，更能突出发挥装饰的作用。

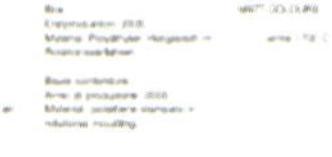

（3）纺织品设计　纺织品泛指一切以纺织、编织、染色、花边、刺绣等手法制作的成品，也称为纤维设计，一般它包含纤维素材（纺织品）形成的设计和使用这种纤维素材的制品的设计，如西服料子、领带、围巾、手帕、帆布、窗帘、壁挂、地毯和椅垫等。选择何种材料、式样、色彩、质感等的设计，均称纺织品设计。

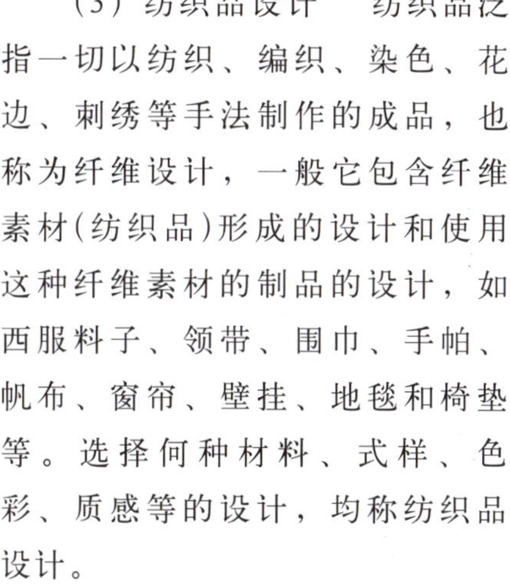

（4）交通工具设计　它是满足人们“行”的需要的设计，主要包括各类车、船和飞机的设计。人类很早就设计发明了简单的舟船和有轮子的车，用于交通和运输，而飞机则是近代的产物。

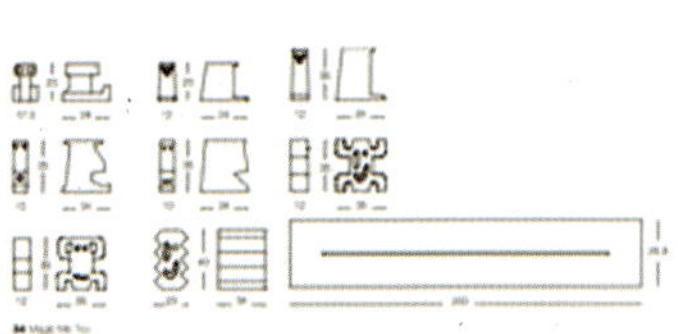

以前人们“行”的目的，主要是从一个地点到达另一个地点，因而往往更注重交通工具的速度和安全。现代人的“行”不只是为了安全快速地到达目的地，有时甚至根本就不在意目的地是哪里，他们更在意的是“行”的过程中自由舒适的感觉，且交通工具已成为一个人财富和地位的象征。所以，现代交通工具的设计，除了安全和速度的设计外，尤其注重舒适性的结构设计和个性化、象征性的造型设计，以满足各种不同的需求。

1.2 工业产品造型设计的发展概况

设计是人类为了实现某种特定的目的而进行的一项创造性活动，是人类得以生存和发展的最基本的活动，它包含于一切人造物品的形成过程之中。人类为了自身的生存须与自然界作斗争，从最初的用天然的石块或棍棒作为工具，到打制各种各样的石器，从简单粗糙的制作到对于物质生产的自觉追求，标志着人类设计文明的飞跃。随着历史的发展，人类的活动领域逐渐扩大，一些最基本的需求得到满足，更高的需求就会不断表现，人们发现自己是有感情的，他们的需求有一种感情上的内涵，这就促进了手工艺设计的发展。手工艺设计源远流长，在整个人类设计史上具有重要地位。整体看来，工业设计可大致划分为三个发展时期。

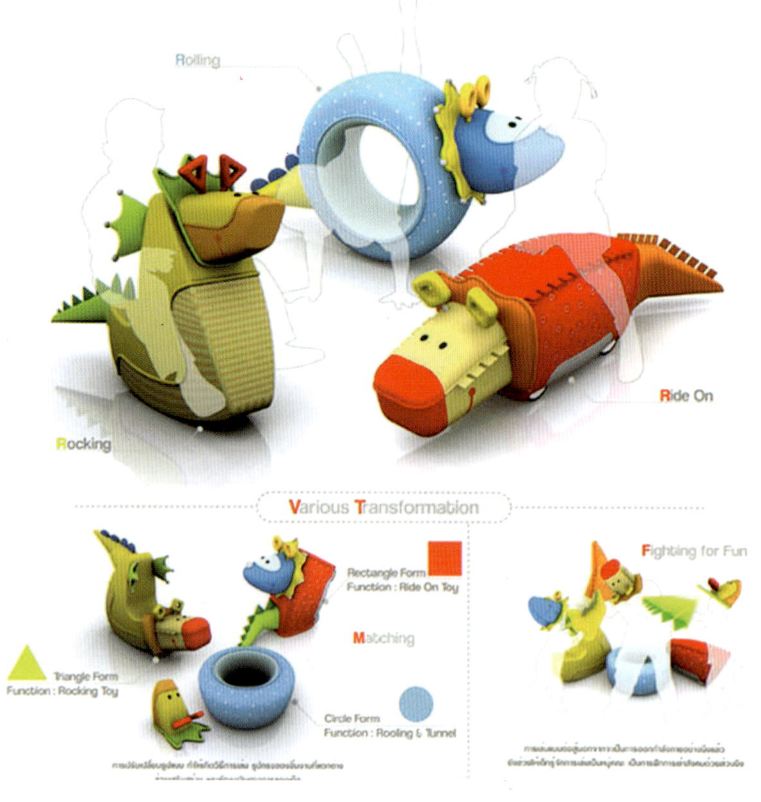

这一时期是自18世纪下半叶至20世纪初期。19世纪中叶，西方完成了产业革命，随着工业化生产的发展，建立在手工业生产方式上的产品设计，已不能适应时代发展的需要。在手工艺设计阶段，手工艺者用高超的技艺创造了众多精美绝伦的作品，使人们总是带着一种怀旧的情绪去看待过去的时代及其作品。工业革命后，商业化的生产借鉴并改造了过去的形式和价值观，以适应市场的需求。但由于设计、制造工艺以及材料等诸多原因，这些批量生产的制品的质量难以与手工制品相媲美，特别是那些机器仿制的手工艺品更是无法与原作匹敌。手工生产与机器生产的对比，一方面为一些人抨击机制品提供了口实，另一方面又成了工业发展的障碍，使制造商感受到了一种对于机制产品的挑战。1851年英国在伦敦海德公园举行了世界上第一次国际工业博览会，即“水晶宫”国际工业博览会，这次博览会在工业设计史中有重要意义。它不但较全面地展示了欧洲和美国工业发展的成就，而且也暴露了工业设计中的各种问题，从反面激发了设计的改革。其结果就是在致力于设计改革的人士中兴起了分析新的美学原则的活动。

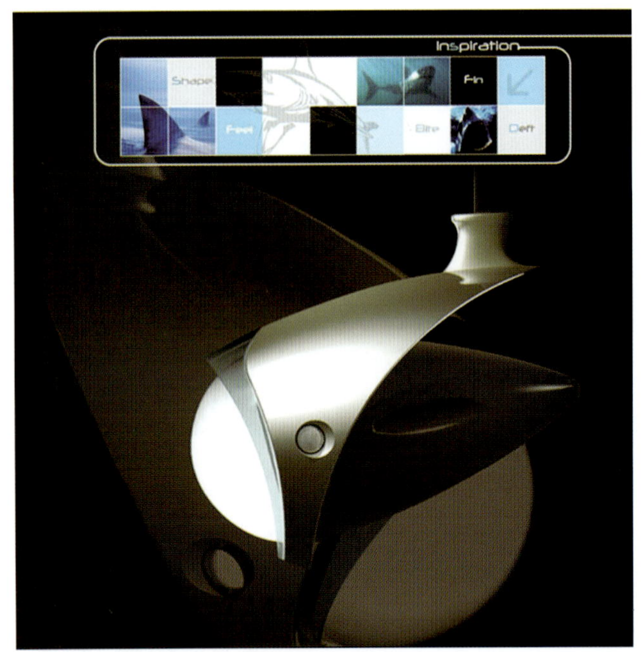

对于“水晶宫”国际工业博览会最有深远影响的批评来自拉斯金及其追随者。他们对中世纪的社会和艺术非常崇拜，对于博览会中毫无节制的过度设计甚为反感。但是，他们却将粗制滥造的原因归咎于机械化批量生产，因而竭力指责工业及其产品。拉斯金本人是一位作家和批评家，从未实际从事过建筑和产品设计工作，主要通过他那极富雄辩和影响力的说教来宣传其思想。拉斯金为建筑和产品设计提出了若干准则，这成了后来工艺美术运动的重要理论基础。这些准则主要是：师承自然，从大自然中汲取营养，而不是盲目地抄袭旧有的样式；使用传统的自然材料，反对使用钢铁、玻璃等工业材料；忠实于材料本

身的特点，反映材料的真实质感。莫里斯师承了拉斯金的思想，身体力行地用自己的作品来宣传设计改革，并同几位志同道合的朋友合作，在伦敦开设了一家商行，按自己的标准设计制作家庭用品。他们创作的家具、墙纸、染织品、瓷砖、地毯、彩色镶嵌玻璃等，颇有自然气息。莫里斯的理论与实践在英国产生了很大影响，一些年轻的艺术家和建筑师纷纷效仿，进行设计的革新，从而在1880—1910年间形成了一个设计革命的高潮，这就是“工艺美术运动”。这个运动以英国为中心，波及不少欧美国家，并对后世的现代设计运动产生了深远影响。

工艺美术运动不是一种特定的风格，而是多种风格并存，从本质上来说，它是通过艺术和设计来改造社会，并建立起以手工艺为主导的生产模式的试验。它首先提出了“美与技术结合”的原则，主张美术家从事设计，反对“纯艺术”；强调“师承自然”、忠实于材料和适应使用目的。但工艺美术运动对于机器的态度十分暧昧，产品设计要反映出手工艺的特点，而不论产品本身是否真正是手工制作的。如此一来，它将手工艺推向了工业化的对立面，无疑违背了历史发展潮流，使最早出现设计运动的英国走了弯路，未能最早完成工业设计革命。

由于工艺美术运动的影响，1900年左右欧洲大陆掀起了另一种建筑、美术及实用艺术的流行风格，名为"新艺术运动"。其发展是以比利时、法国为中心，新艺术风格的变化也很广泛，且在不同国家、不同学派具有不同的特点。其鲜明的特点是弯曲、自然主义的风格，运用了植物、昆虫、女人体和象征主义，本质上是一场装饰运动，其宗旨是"艺术与技术"结合，反对"纯艺术"。代表人物是比利时的霍尔塔和威尔德，法国的宾和吉马德，西班牙的戈地，德国的雷迈斯克米德和贝伦斯，美国的泰凡尼。新艺术设计的目的和理想中缺乏社会因素，设计者不可能抛弃结构原则，流于肤浅的"为艺术而艺术"，但它用抽象的自然花纹与曲线，脱掉了守旧、折中的外衣，是现代设计简化和净化过程中的重要步骤之一。

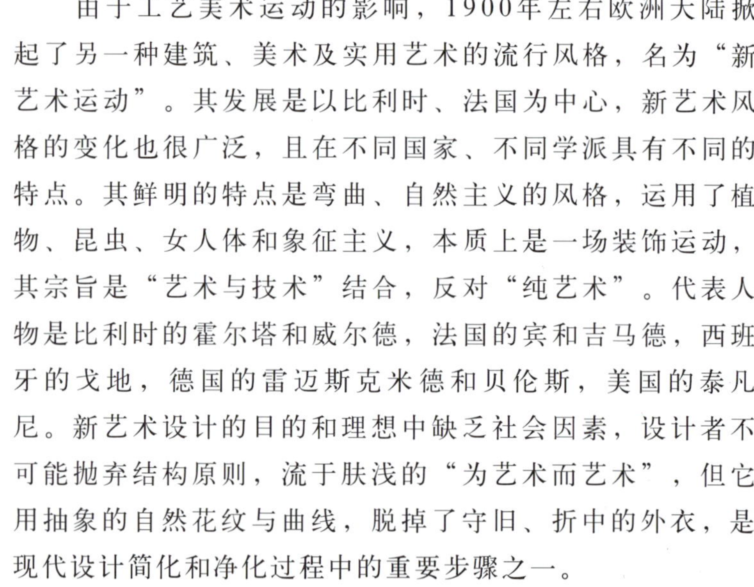

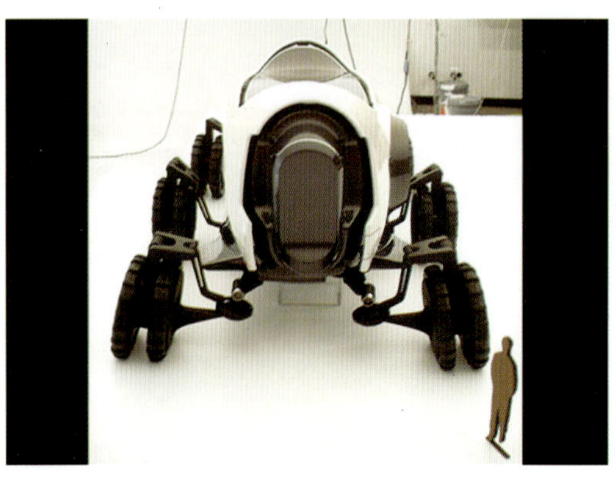

1907年成立的德意志制造联盟，使工业设计真正在理论上和实践上产生突破。这是一个积极推进工业设计的舆论集团，由一群热心设计教育与宣传的艺术家、建筑师、设计师、企业家和政治家组成。组织者为德国建筑师穆特休斯。制造联盟的成立宣言表明了这个组织的目标："通过艺术、工业与手工艺的合作，用教育、宣传以及对有关问题采取联合行动的方式来提高工业劳动的地位。"表明了对于工业的肯定和支持的态度。制造联盟的设计师为工业进行了广泛的设计，这样作品能适合机械化批量生产的需要，同时又体现了一种新的美学。此外，联盟十分注重宣传工作，常举办各种展览会，并用实物来传播自己的主张，还出版了各种刊物和印刷品。这些宣传工作不但在德国产生很大影响，并促进了工业设计的发展，而且对欧洲其他国家也有积极影响，一些国家如丹麦、英国、瑞典先后成立了类似制造联盟的组织，对欧洲工业设计发展起了很重要的作用。

1.2.2 现代工业设计的形成与发展

德国制造同盟首创了工业设计的活动局面，确立了工业设计的基本理论，第一次世界大战的爆发暂时阻止了这一切的发展。第一次世界大战之后，工业和科学技术已发展到了一定水平，大众市场已发育健全，艺术上的变革改变了人们的审美趣味，先前分散的各种设计改革思潮终于融汇到一起，形成了意义深远的现代主义并标志着现代工业设计的开始。现代主义主张创造新的形式，认为机器应该用自己的语言来自我表达，即所谓"机器美学"。它由于过分强调简洁与标准化，强调对于几何形态的追求，强调批量生产，故使消费者多样性选择的权利被剥夺，这也妨碍了现代主义在实践中的发展。

在现代主义的影响下，工业设计运动逐渐衍变成以教育为中心的活动。1919年4月1日，"国立包豪斯"在德国魏诏宣告成立，它是一所设计学校，首任校长为德国建筑大师格罗佩斯。包豪斯一词是由德语的"建造"和"房屋"两个词的词根构成，目的是培养新型设计人才。在格罗佩斯的指导下，学校在设计教学中贯彻了一套新的方针、方法，主要有以下特点：

（1）在设计中提倡自由创造，反对模仿因袭、墨守成规。

(2）将手工艺与机器生产结合起来，提倡在掌握手工艺的同时，了解现代工业的特点，用手工艺的技巧创作高质量的作品，并能供给工厂大批量生产。

(3）强调基础训练，引入平面构成、立体构成和色彩构成等基础课程。

(4）实际动手能力和理论素养并重。

(5）把学校教育与社会生产实践结合起来。

另外，他写出了《艺术与技术——一个新的统一》论文，宣告工业设计这门新学科正式形成，并提出了三个基本观点：艺术与技术的新统一；设计的目的是人而不是产品；设计须遵循自然与客观的法则。这些观点对于工业设计的发展起到了积极作用，使现代主义逐步由理想主义转向现实主义，即用理性的、科学的思想来代替艺术上的自我表现和浪漫主义。

包豪斯对于现代工业设计的贡献是巨大的，特别是它的设计教育有着深远的影响，其教育方式成了世界许多学校艺术教育的基础，它培养出的杰出建筑师与设计师把现代建筑与设计推向了新的高度。包豪斯的思想在一段时间内被奉为现代主义的经典。

由于遭受德国纳粹的迫害，包豪斯学校于1933年7月宣告正式解散，格罗佩斯等人相继赴美国和欧洲其他国家，并在美国的芝加哥成立了新包豪斯，将这种新的方法引入了美国的创造性教育，使工业设计在美国得到迅速发展，也推动了世界工业设计的进步。

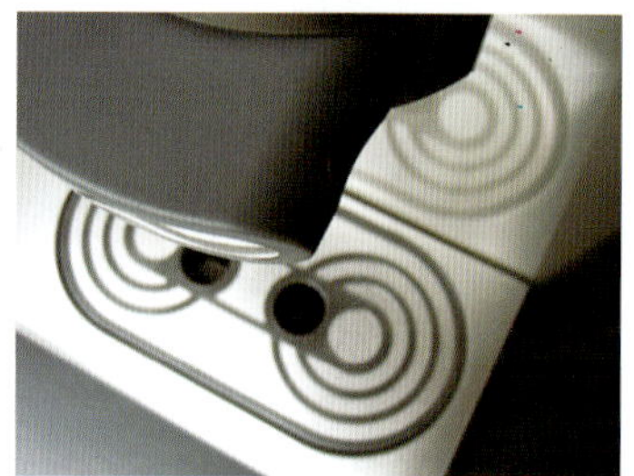

1929年，美国纽约成立了“工业美术造型设计部”，1930年有3所大学设置了工业造型设计系，1940年增至10所院校，1982年已发展到60多所院校。1944年英国成立了工业美术委员会，1947年澳大利亚成立工业设计协会，1948年加拿大工业设计协会成立，同年，英国的《设计》月刊创刊，成为世界上最引人注目的工业设计杂志，这些标志着近代工业设计运动在世界各国已蓬勃地开展起来。

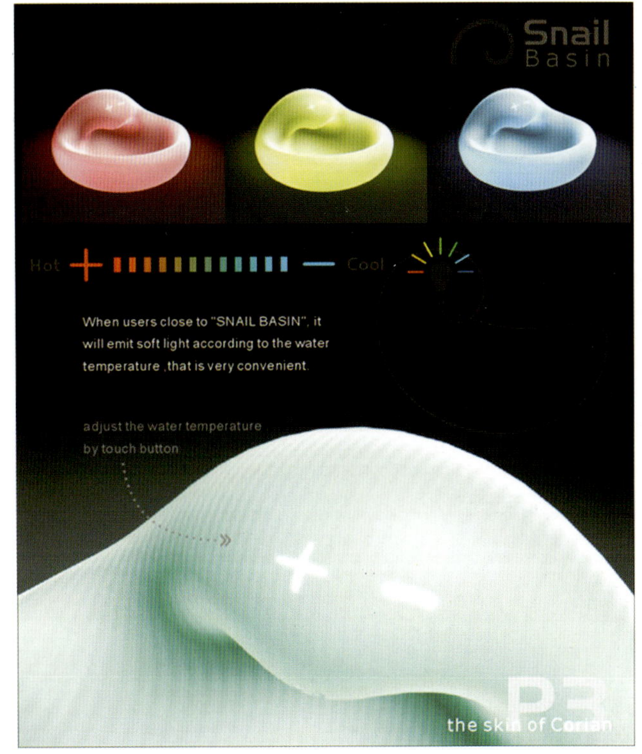

1.2.3 多元化格局的形成

第二次世界大战以后，工业的复兴促成了新的设计活动和理论探讨的高潮，许多国家都形成了自己的设计理论和形式语言，工业设计的重心也从德国、法国、荷兰转向美国、英国和斯堪的纳维亚地区。20世纪50年代中期，随着科学技术的发展、工业的进步和国际贸易的扩大，使市场的国界逐渐消失，国际标准成为各国工业制品的统一的商品条例与规章。在这种背景下，“国际式”现代风格出现了，由此推动了设计的理论和实践的进一步国际化。60年代后期，这种状况遭到了广泛抨击，“后现代主义”等流派应运而生，逐步开创了设计的多元化时代。这一时期，工业设计的研究、应用的发展速度很快，其中最突出的是日本、意大利等国。

战后积极推进工业设计发展的国际组织是受联合国教科文组织支持的“国际工业设计协会联合会”。它1957年成立于伦敦，成员为各国的工业设计师协会或受政府资助的工业设计机构，主要活动有举办两年一度的年会、出版设计刊物、举办设计竞赛与设计展览等，通过这些活动推广工业设计和设计教育。

20世纪80年代起，随着计算机技术的迅速发展，人类开始进入信息社会，国际互联网的兴起标志着网络时代的到来。另外，由于人们的环境保护意识日益增强，“绿色设计”正在成为工业设计发展的一个重要主题，这些都对工业设计的发展产生了巨大冲击，无论是设计的对象和设计的程序与方法，都发生了很大变化。在新旧世纪交替之际，工业设计又翻开了崭新的一页。

1.2.4 中国工业设计的发展

中国是一个有着五六千年悠久历史的文明古国，在艺术领域有着极其丰富、绚丽多彩的辉煌成就，对人类文明发展作出过卓著的贡献。但其在产品造型设计方面起步较晚，同发达国家相比还有较大差距。有些工业产品几年、甚至几十年一贯制，缺乏时代感和合理性，不仅影响人们的物质和精神生活，而且严重削弱了产品在国际市场上的竞争能力。

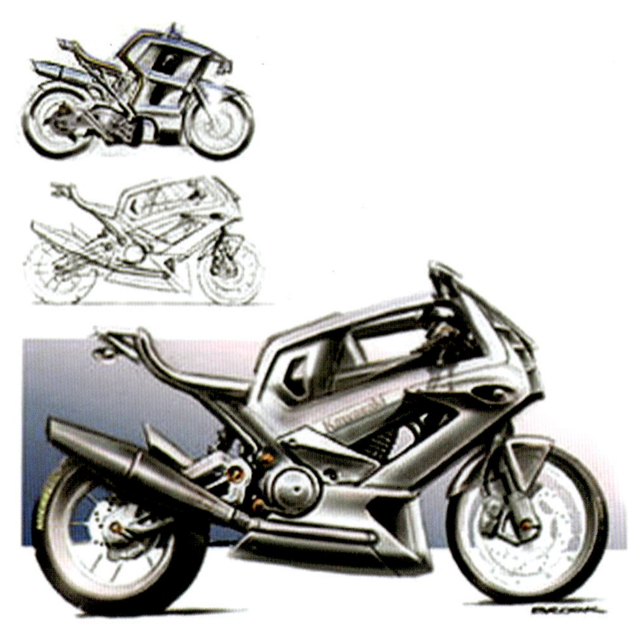

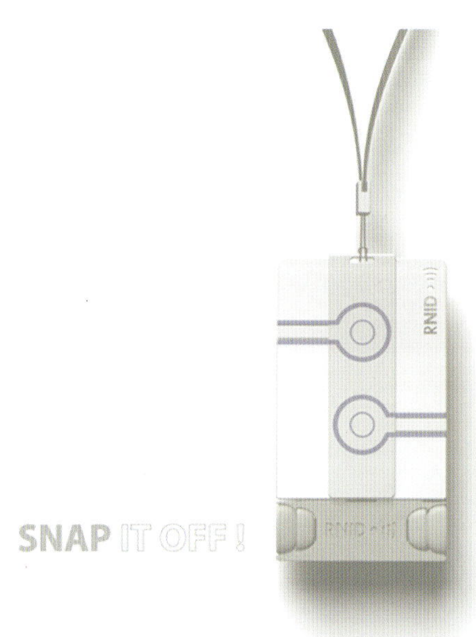

1978年，工业设计引入我国。80年代，有十几所高等院校开设了工业造型设计专业，几十所院校开设了工业造型设计课程。1985年，先后成立了中国机械工程学会、工业造型设计学会和中国工业设计协会。

90年代，国家大力发展工业设计专业教育，到2000年，已有400多所院校开办了工业设计专业，各地也有多种形式的工业设计应用促进会，为工业设计的实际应用作出了贡献。

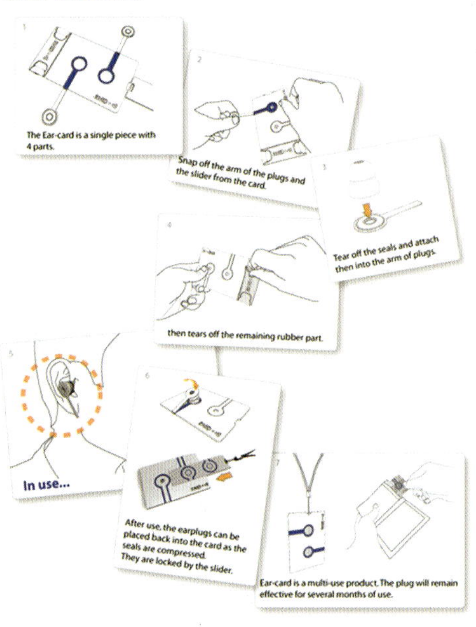

1.3 工业产品造型设计师的知识技能

工业产品造型设计师是指从事产品设计工作的人。他们通过专门教育，拥有设计知识与理解力，掌握设计的技能与技巧，能成功地完成设计任务，并获得相应报酬。设计师是社会发展到一定历史时期，因社会分工的需要而出现的一类脑力劳动者。他们设想制作一些比现存物品更实用、更经济、更美观的东西，如舒适的住所、便利的交通工具、美丽的城市环境等。他们不仅能用语言和文字来描述其构想，而

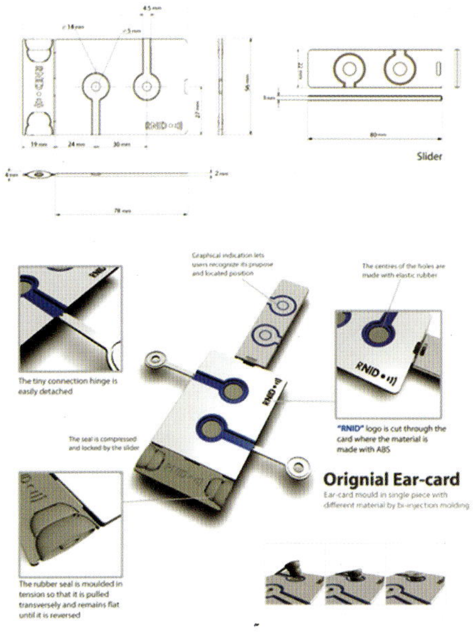

且能将其视觉化、具体化，而完成这一切，设计师须具备一定的知识技能。

从制造原始工具开始，人类积累了丰富的设计与制造的知识技能。在社会制度的约束下，早期的手工艺人都是在作坊中师徒传承下来经验性的手工技术，工匠不能学习，不能从事其他专业的职业技术。例如，小刀的设计制作分为刀片匠、刀具匠和刀鞘匠，分别制作刀刃、刀柄、刀鞘，而不能有所跨越，知识技能相当狭窄。自包豪斯创立了现代设计教育体系之后，才培养出大批既有美术技能，又有科技应用知识技能的现代设计师。时至今日，社会的发展对设计师提出了更新的要求，科技的进步也为设计师提供了更新的设计技能与手段。

1.3.1 工业产品造型设计师的艺术与设计知识技能

艺术与设计有着与生俱来的“血缘关系”。设计师首先需要掌握艺术与设计的知识技能。造型基础技能是通向专业设计技能的必经桥梁。造型基础技能以训练设计师的形态—空间认识能力与表现能力为核心，为培养设计师的设计意识、设计思维乃至设计表达与设计创造能力奠定基础。造型基础技能包括手工造型(含设计素描、色彩、速写、构成、制图和材料成形等)、摄影摄像造型和电脑造型。手工造型是基础，但有一部分逐渐被新兴技术所淘汰。电脑造型既是基础又是发展趋势，客观上已成为设计师必须掌握的最重要的基础造型技术，有着无限广阔的应用与发展前景。

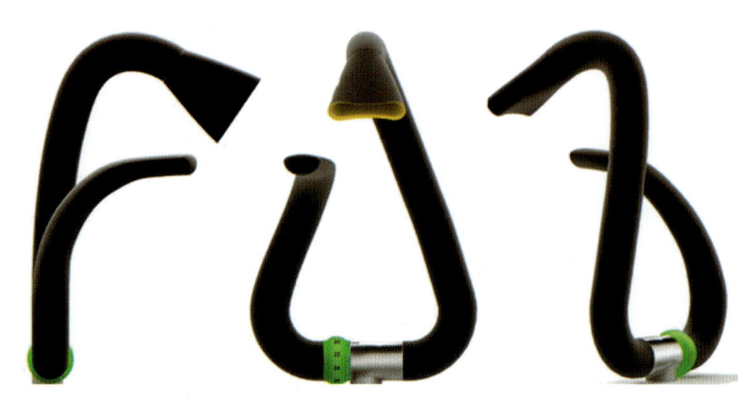

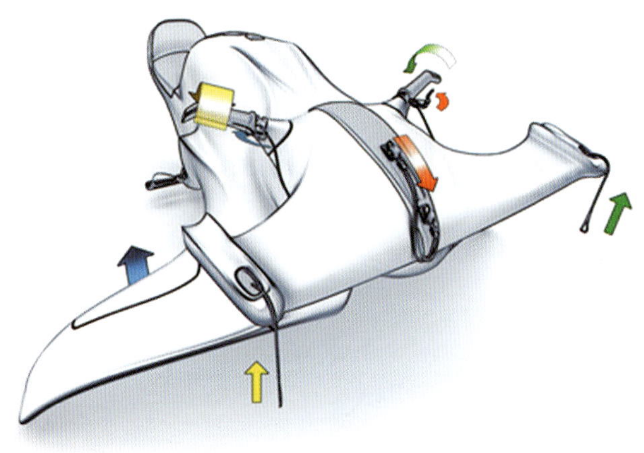

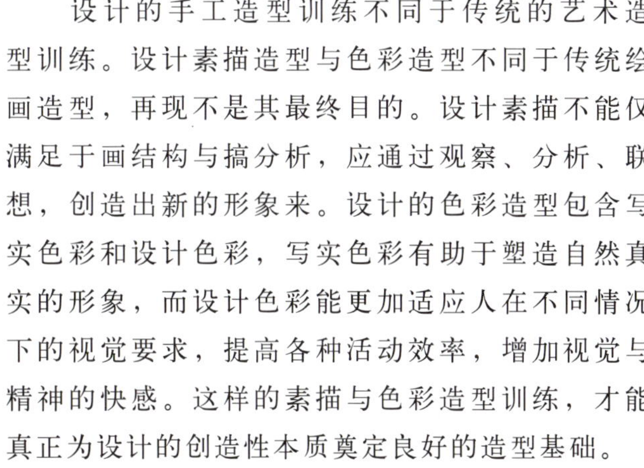

设计的手工造型训练不同于传统的艺术造型训练。设计素描造型与色彩造型不同于传统绘画造型，再现不是其最终目的。设计素描不能仅满足于画结构与搞分析，应通过观察、分析、联想，创造出新的形象来。设计的色彩造型包含写实色彩和设计色彩，写实色彩有助于塑造自然真实的形象，而设计色彩能更加适应人在不同情况下的视觉要求，提高各种活动效率，增加视觉与精神的快感。这样的素描与色彩造型训练，才能真正为设计的创造性本质奠定良好的造型基础。

设计速写造型是最快捷方便的设计表现语言，不受时间与工具的限制。它除具有形体与色彩的记录功能与分析功能外，还可为设计创作积累大量的图片资料。更重要的是，草图式的速写在设计过程中不仅记录着设计的每一步进展，还是设计从初步构思到完整构思的必要“阶梯”。每一个设计几乎都是从速写式的草图开始的，设计速写是设计师自始至终必不可少的重要技能。

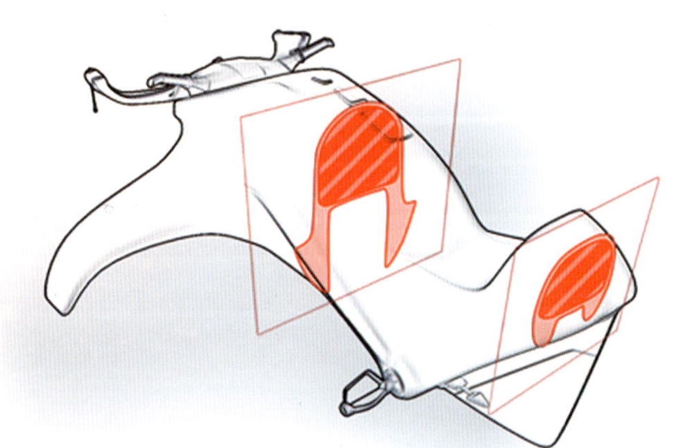

构成造型包括平面构成、色彩构成和立体构成以及光构成、动构成和综合构成。三构成是设计造型的基础技能，它不仅为设计师提供了设计造型手段和造型选择的机会，而且可培养训练设计师在平面、色彩和立体方面的逻辑思维与形象思维能力。尚在研究探索阶段的光构成、动构成与综合构成，有益于拓展新的设计造型语言与手段，开拓设计的新境界。

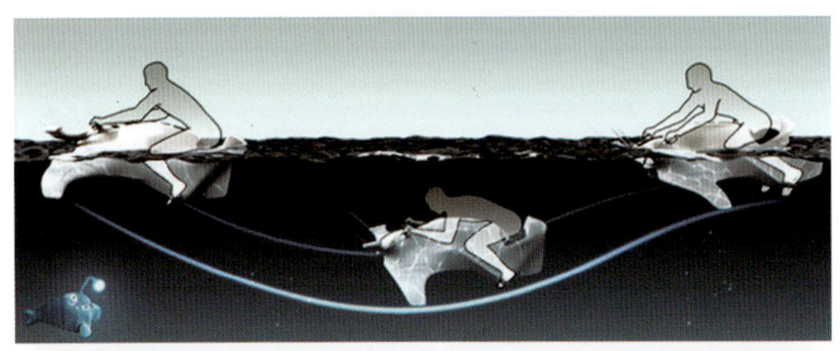

制图技能包括机械(工程)制图与效果图的绘制，这是产品设计师与环境设计师尤其要掌握的基本技能。设计效果图形象逼真、一目了然，可充分展现设计对象的形态、色彩、肌理及质感的效果，使人有如见实物之感，是顾客调查、管理层决策参考的最有效手段之一。设计师要绘好效果图，必须先掌握透视图的原理和画法。

摄影摄像也是设计师所应具备的技能。一种是资料性的摄影摄像，可为设计创作收集大量资料，而另一种是广告摄影摄像，其本身就是一种设计。

材料成形是依靠外力使各种造型材料按照人的要求形成特定形态的过程，包括人工成形与机械成形。设计师需手脑并用，不能忽视动手技能。由于各种材料，如木材、金属、塑料等的加工成形方法各不相同，设计师须通过成形操作训练，熟悉各种材料及机器的性能，熟悉生产工艺流程，了解机械成形手段，掌握一定的手工成形手段，以提高实际动手能力、立体造型能力与技术应用能力，培养材料美、技术美、机械美、功能美等新的审美感受能力。材料表面处理则直接影响设计作品的外观肌理与质感效果，设计师必须掌握。

模型制作也可算是材料成形的一种。其优点是三维立体，可直观感受。作为设计辅助、展览、欣赏、摄影、试验、观测，可弥补平面图形的不足。

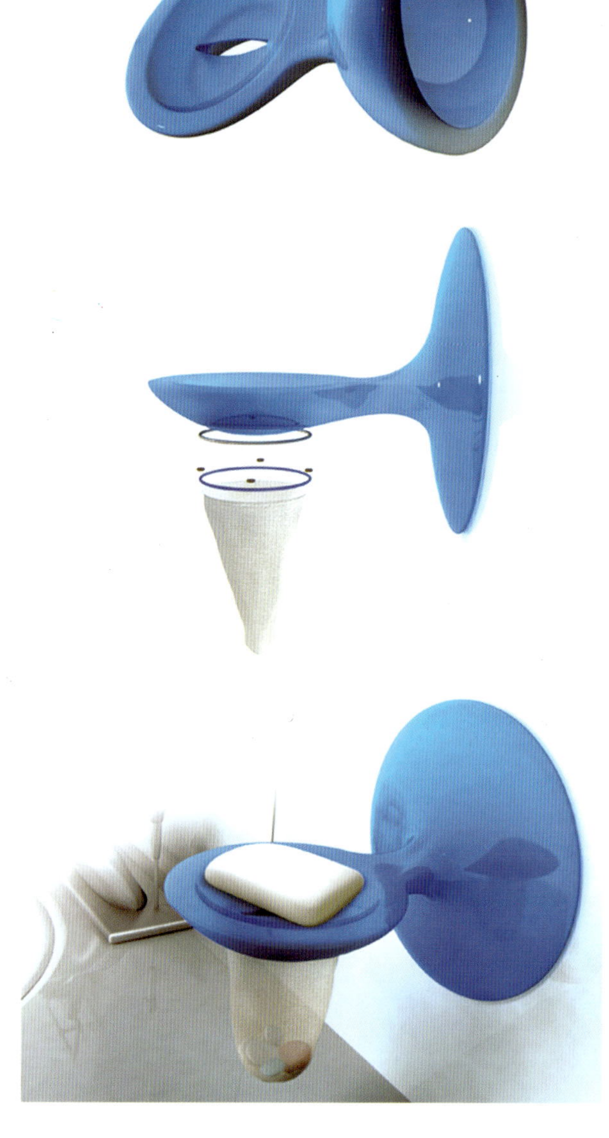

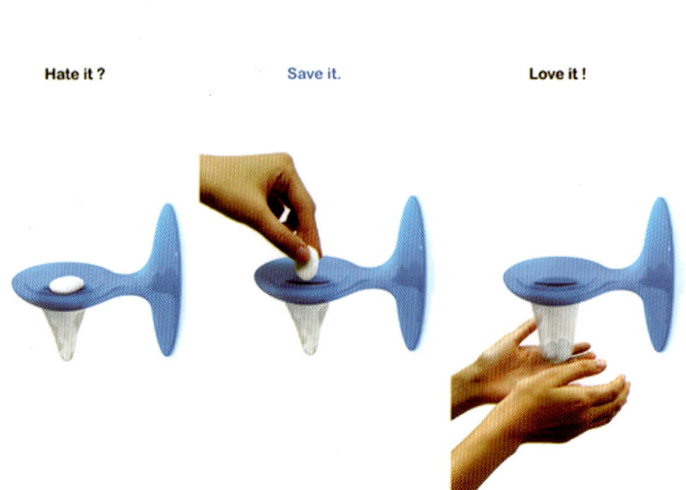

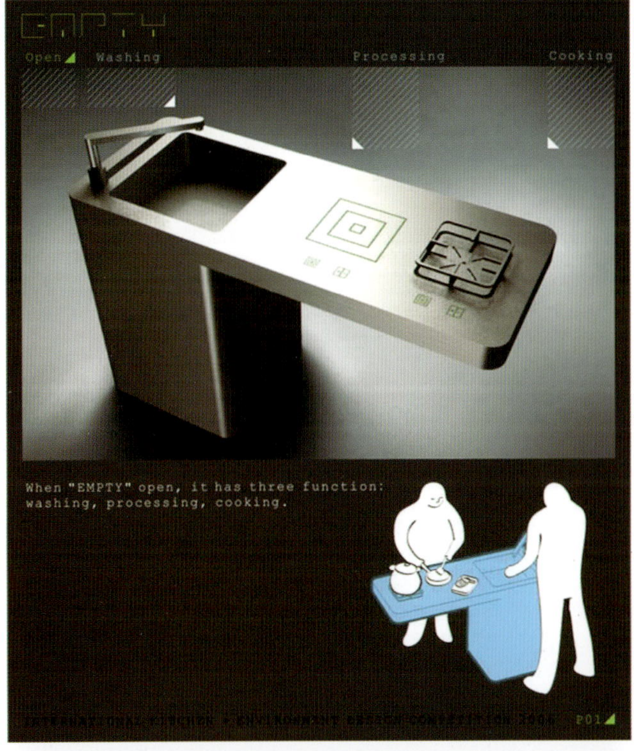

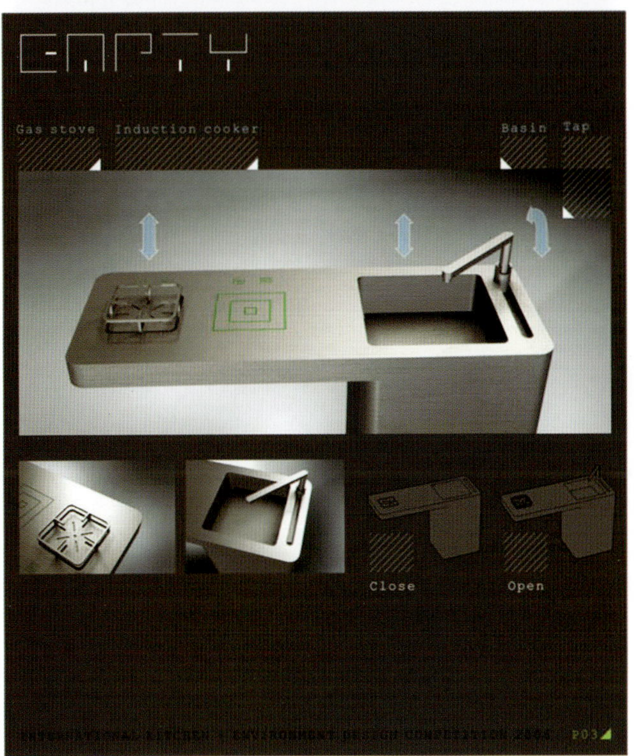

计算机辅助设计技术——快速成形技术，又称快速原型制作技术，可将电脑上的创意设计快速准确地复制成三维固态实物，就像打印机打印文件图样一样方便。成形材料主要是纸、木和树脂材料。

工业产品造型设计师具备了造型基础技能，才能顺利过渡到各专业设计技能的学习掌握。具体的理论指导是工学指导，如人机工程学、材料学、价值工程学、生产工学等。产品造型设计师的专业技能主要是决定产品的材料、结构、形态、色彩和表面装饰等，设计技能的获得须经对各种材料、工具的熟悉和基本技术、技巧的掌握，再到设计实例中去实践，这是提高和完善的过程。

工业产品造型设计师应掌握的艺术与设计理论知识，主要有艺术史论、设计史论和设计方法论等。其中包括艺术概论、设计概论、工业设计史、设计方法学、广告学等。设计概论以精炼的语言阐述了设计的概念、性质、源流、作用、要素、设计的相关技术和设计师应掌握的知识技能等，从各个角度剖析设计，是设计师的入门指南。设计方法论主要论述设计方法在不同性质、不同阶段设计中的应用。设计方法论是挖掘创造智慧，展示设计无限可能性的主要方法。价值工程学是一种技术与经济相结合的设计分析方法，是设计方法的重要组成部分。它起源于20世纪40年代美国通用电气公司设计工程师L.D.麦尔斯的设计实践总结，主要研究设计对象的功能与成本的关系，寻找功能与成本之间的最佳对应配比，寻求以尽量小的成本取得尽可能大的经济效益与社会效益，是控制设计经济费用的主要手段。此外，设计师还要关注当代艺术设计的现状与发展趋势，这样才能开阔视野、加深文化艺术修养和获得广泛有益的启迪与灵感。

1.产品造型设计师的自然知识技能　设计物理学主要提供产品造型设计师关于设计所需的力学、电学、热学、光学等知识，并指明设计怎样才能符合科学规律与原则，以保证设计的科学性与合理性。

设计材料学可使设计师了解各种材料的性能，熟悉各种材料的应用工艺，以便在设计中充分利用其特长，避免其不利的方面。

人机工程学是研究人在某种工作环境中的解剖学、生理学和心理学等方面的各种因素，研究人和机器及环境的相互作用，研究在工作中、家庭生活中和休假时怎样统一考虑工作效率、人的健康、安全和舒适等问题的学科。它是21世纪初兴起的综合性边缘学科，提出了“设计的目的是人而不是产品”的设计新思路，当代的产品造型设计师唯有掌握好这门学科，才能更好地“为人的需要”进行设计。

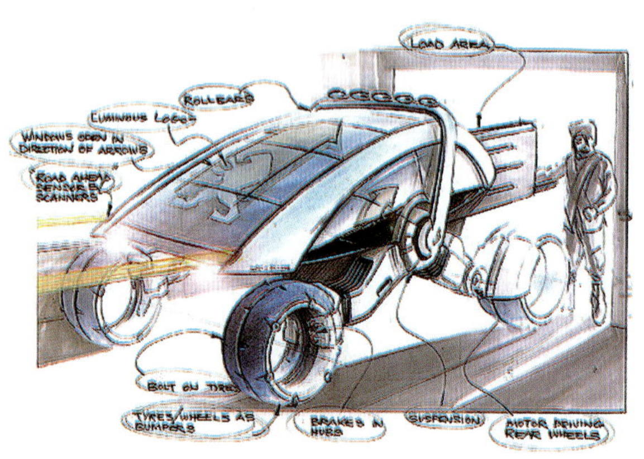

设计的本质是创造，设计创造始于设计师的创造性思维。因而，产品造型设计师理应对思维科学，特别是对创造性思维有一定的领悟和掌握。设计师通过掌握创造性思维的形式、特征、表现与训练方法，进行科学的思维训练，从思维方法上养成创新的习惯，并贯彻于具体的设计实践中，以培养设计师的设计创新意识。

2.产品造型设计师的社会学科知识技能　设计从最初的动机到最后价值的实现，往往都离不开经济的因素。设计的这种经济性质决定了设计师须具备一定的经济知识，尤其是市场营销意识。设计的最终价

值通过消费才能实现，设计师应了解消费者的需求，掌握消费者的心理，理解消费的文化，预测消费的趋势，从而使设计适应消费，进而引导消费，实现设计的经济价值与社会价值。虽然不可能要求设计师成为经济方面的专家，但是如果没有经济头脑，就很难成为优秀的设计师。

设计不只是设计师的个人行为，也是设计师的社会行为，是为社会服务的。设计师须注重社会伦理道德，树立高度的社会责任感。同时，设计还受到国家法律、法规的保护与约束。因此，设计师须对部分法律、法规，尤其是与设计紧密相关的专利法、合同法、商标法、广告法、规划法、环境保护法和标准化规定等，有相应的了解并切实遵守。既要维护自己的权益，也要避免侵害他人与社会的利益，使设计更好地为社会服务。

设计是设计师的实践行为，不能停留在空间的理论上，也不能一个人闭门造车。设计师除要有艺术设计实践技能和科技应用实践技能外，还要有较强的社会实践技能，包括较强的组织能力，善于处理各种公共关系的能力等。设计的调查，设计的竞争，设计合同的签订、实施与完成，设计师与设计委托方、实施方、消费者以及设计师之间的合作、协调，设计事务所的设立、管理等，都是设计师的社会实践。设计师社会实践能力的高低，直接影响其事业的成败。

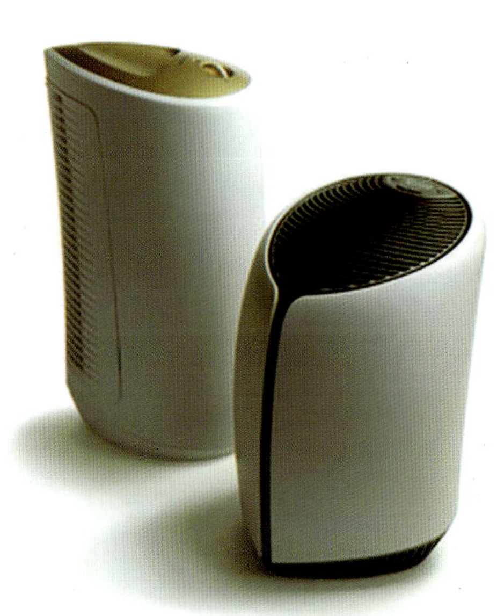

Personal Sleep Kit created for the Boeing Corporation.

Wearable comfort items.

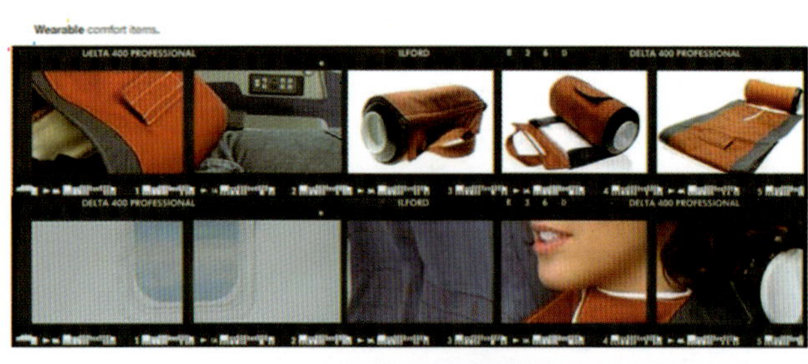

Sketch Models - ergonomic research .

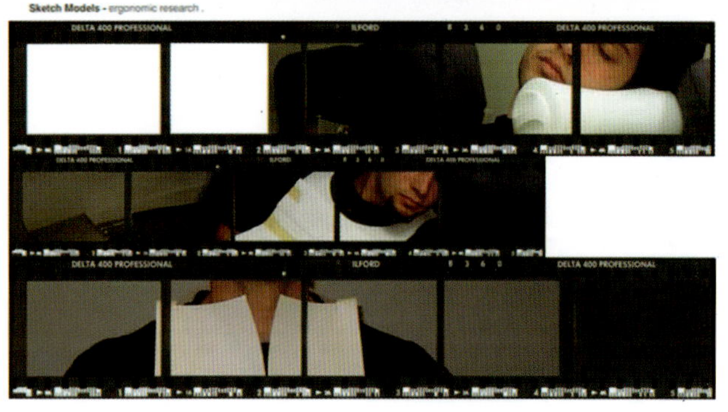

Removeable Headrest Personal Effects Container.

Form Development CAD in Solidworks.

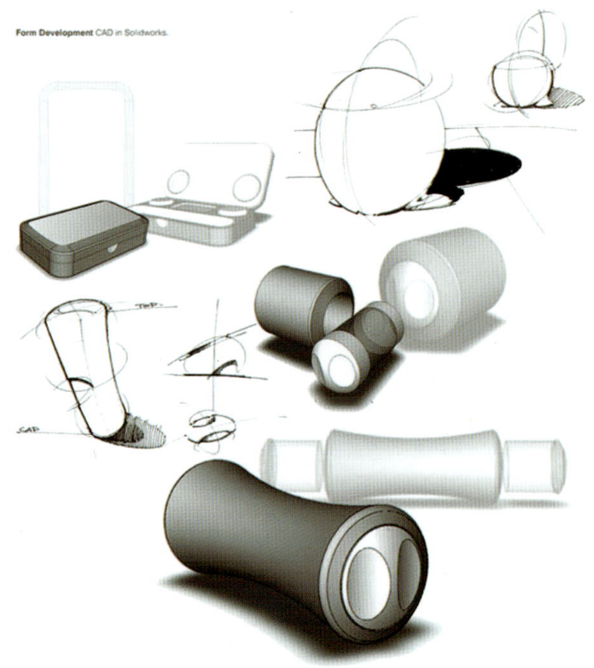

1.3.3 工业产品造型设计师的社会职责

设计创造是自觉的、有目的的社会行为，不是设计师的“自我表现”。它是应社会的需要而产生，受社会限制，并为社会服务的。作为设计创作主体的设计师，应明确自己的社会职责，自觉地运用设计为社会服务，为人类造福。设计适销对路的产品是工业产品造型设计师的社会职责，但这只是设计师工作职责的一部分，而设计师社会职责的内涵，比设计师工作职责的内涵要深广得多。“为人类的利益设计”是社会对工业产品造型设计师的要求，也是设计师崇高的社会职责，只有在实现这个目标的同时，设计师的设计才有意义，设计师才能实现自己的价值。

“为人类的利益设计”，“人类”是指全体的人们。即设计不能只是满足一部分人的需要，而应遍及人类生活的各个角落。设计师有责任将设计的领域渗透到社会的方方面面，而不仅仅是利润丰厚的部门；惠及每一个有需要的地区和人群，而不只是有经济实力消费的地区和人群。这里的“利益”是指全面的、长远的利益，而不是片面的、暂时的，仅有益于这方面而有损于另一方面，仅有益于今天而有害于将来的利益。例如，一次性消费的日用品，从设计角度来看，它是成功的，给人的生活带来方便，又为商家带来利润，但从人类长远的利益考虑，从人类未来的生存环境的角度来分析，一次性消费品是有害的。

自工业革命以来，人类的生存条件与环境有很大程度地改善，但人与自然的关系却受到损害。人类除面临能源危机、生态失衡、环境污染等一系列问题外，还面临着可否在地球上长久生存的严峻问题，“可持续发展”已提到议事日程。近年来，有人提出“适度设计”、“健康设计”、“绿色设计”、“非物质设计”的原则，试图给设计行为重新定位，防止设计对生态和环境的破坏，防止社会过于物质化，使人类能够健康地、愉快地生活。

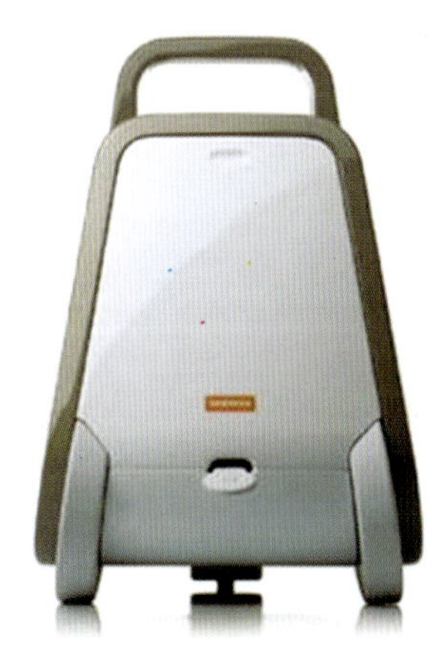

第2章　工业产品的形态设计

2.1 概述

2.1.1 形态的基本概念

世上万物皆有形。人们认识一种物质，通常是从视觉上(或触觉上)对其形态的直观体验开始的。用简单的术语来表述，形态是由一种物质或结构所呈现出来的视觉特征。由于物质与物质不同，或是相同物质因其结构各异，因而表现出的形态也有所差别。

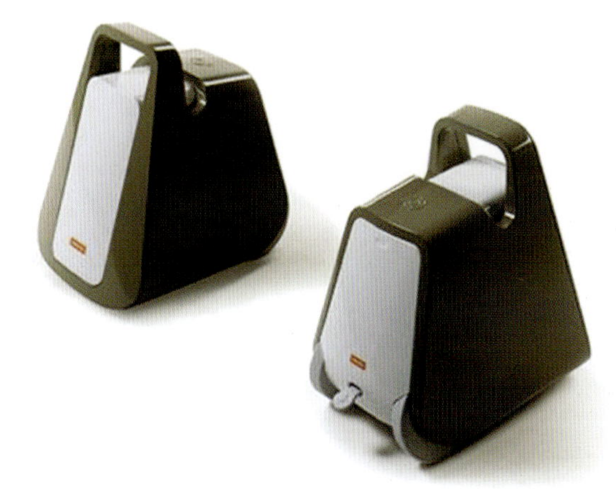

早在人类文明初期，人们就常常以自然界中的自然形态为范本，进行有意识的模仿创造。随着新技术、新材料的不断发展，人们逐渐突破受单纯模仿自然形态思维的束缚，演变、创造了一些自然界中原本并不存在的人为形态为己所用。

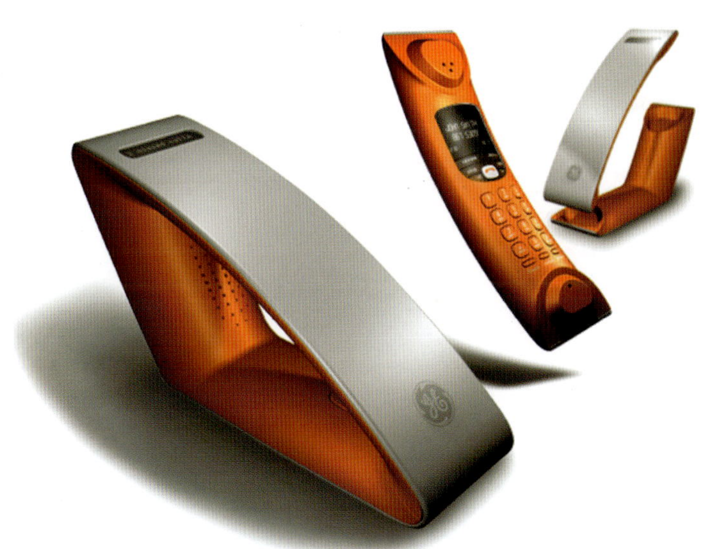

人类首先是从自然形态中获得启发，并借助一定的材料和技术去创造具有一定使用功能和精神功能的物质。然而，功能并非形态设计中的首要条件和唯一出发点，且随着时代的进步与技术的发展，人类还将创造出无穷无尽的工业产品形态来。

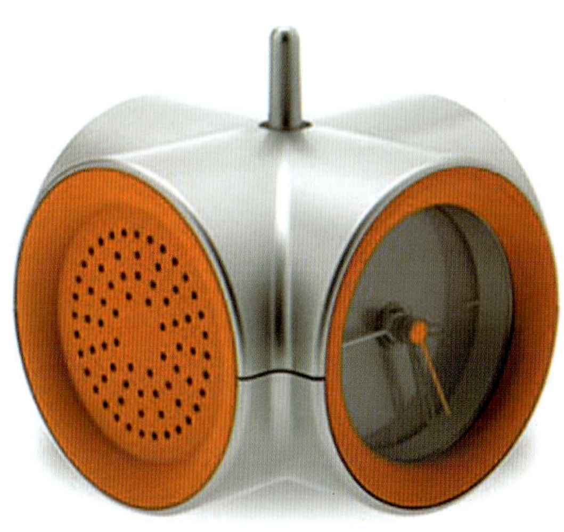

2.1.2 形态的分类

可根据形态的不同成因，将其分作自然形态和人为形态两大类。自然形态是指在自然界中客观存在的自然形成的形态。它包括各种生物、非生物和自然现象，如动物、植物、微生物、山川、河流、星球、闪电等等。此外，还包括一些由于偶发因素而自然形成的形态，褶皱、断裂、扭曲等。

自然形态具有运动感、生命活力和自然美。从古至今，人类不断从自然形态中受到启发，获取创作灵感，设计和创造出无穷尽的各种优美的产品形态。

人类首先是从个别的生物机制中受到启发，并从外部特征上加以模仿的。例如，在热带有一种像荷叶似的浮在水面上的花卉叫“王莲”，叶子背面有许多粗大的叶脉构成的骨架，骨架之间有着镰刀形的横膈。叶子里的气室使叶子稳定地浮在水面上。王莲叶片的直径可达1.5～2.0m，一个五六岁的孩子坐在上面也不会下沉。建筑师受到王莲叶子的启发，设计出具有薄膜结构的建筑造型。1851年，作为伦敦国际博览会会场而兴建的水晶宫便是由园艺师兼建筑师的柏克斯特恩设计构思的。他用钢架和玻璃建成了这种结构，在现场用预制构件进行装配。这一展厅结构轻巧、宽敞明亮，为现代建筑的兴起开辟了道路。又如，人们根据自然界中各种花卉、植物的形态而设计出日用生活器皿和各种装饰灯具；根据海豚的形态设计出具有流线造型的鱼雷；根据蜻蜓的形态设计出直升机等。

在工业设计方法学中有一种设计方法叫仿生学，其中最直观的设计手法就是仿照生物的形态进行设计创造。仿生学作为一门独立的学科是1960年出现的。它将研究生物系统的结构特性、能量转换和信息过程获得的知识，用来改善和创新人工制品的技术功能和结构原理。这是一种生物模拟的方法，从生物现象和过程中抽取出适用于技术系统的原理和结构，作为发展新技术的重要途径之一。例如，蜻蜓和蜜蜂等昆虫都具有复眼，它们是由成百上千的视觉单位组合在一起的，构成一半球状的视野。当蜻蜓在空中飞舞，花簇草丛在眼前快速移动时，它看到的不是景物的连续运动，而是分隔开的单一“镜头”。这就提高了它对时间的分辨率。应用这一仿生学原理制成了光学测速仪，可更精确地测量运动物体的速度。

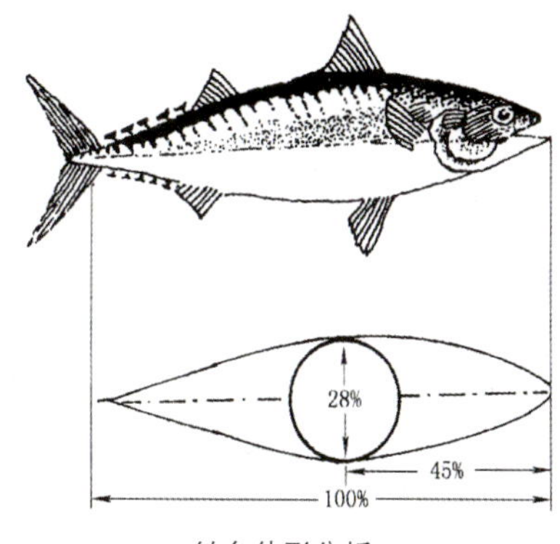

鲔鱼体形分析

鱼类是游泳能手，它的流线型体形适合在水中的快速游动。鲔鱼在水中穿梭的最大速度可达30～35m/s，即每小时能游上百公里。对鲔鱼体形的分析表明，其长度与厚度比为1：3.6，即鱼

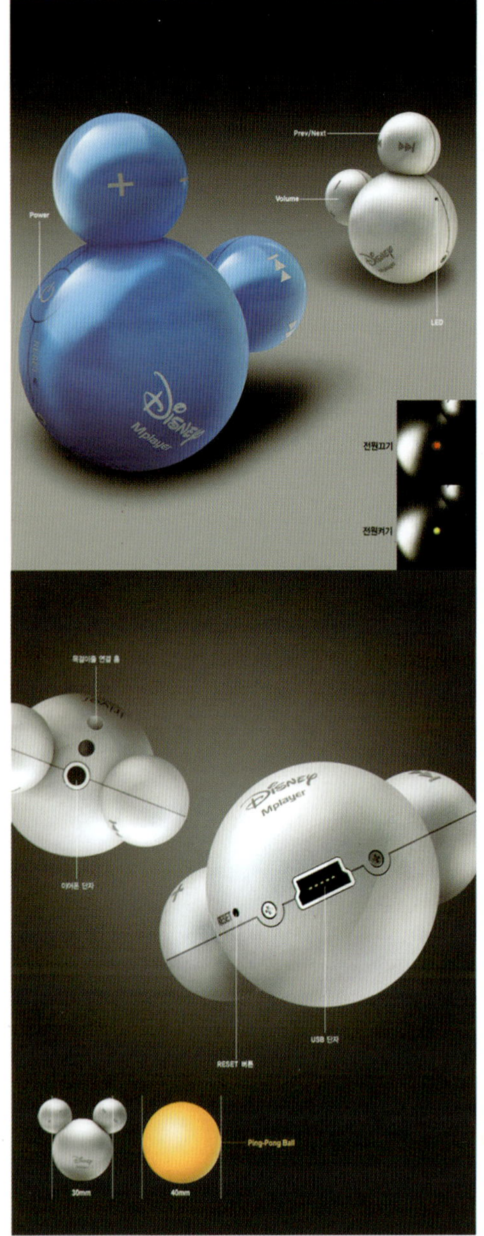

的厚度相当于其长度的28%，这是一种阻力最小的形状。若其厚度减薄，虽形状阻力可减小，但其摩擦阻力却会大大增加。如若厚度大于长度的28%时，摩擦阻力虽可减小，但形状阻力却又大大增加。可见，它的体形正是长期适应环境和生物进化取得的优化成果。原来的舰船采用楔形造型，在海上航行时航速较慢，而现在舰船便是按照海豚或鲔鱼的轮廓和比例建造的，由此，它的航速一下子就提高了20%～25%。

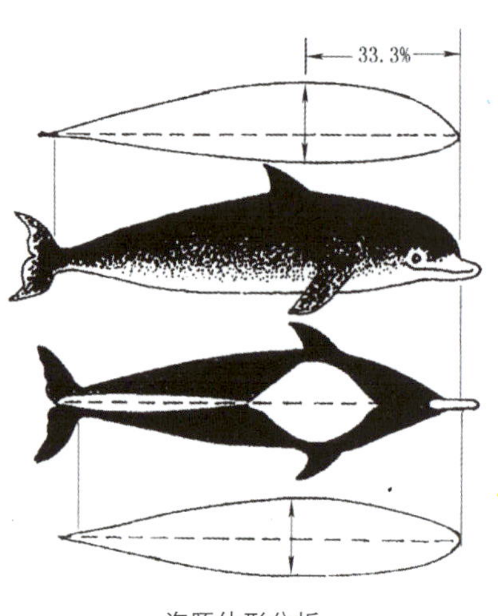

海豚体形分析

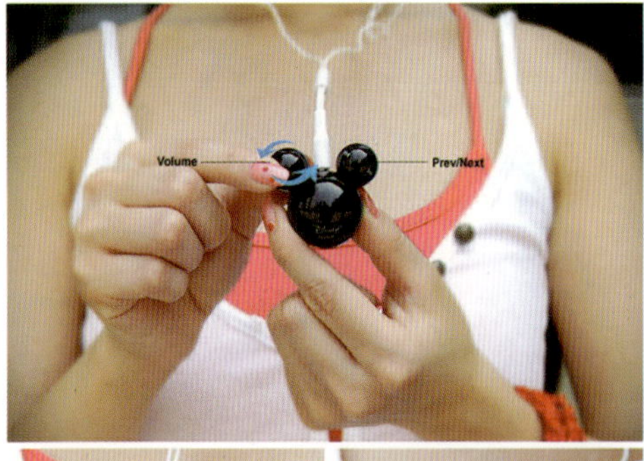

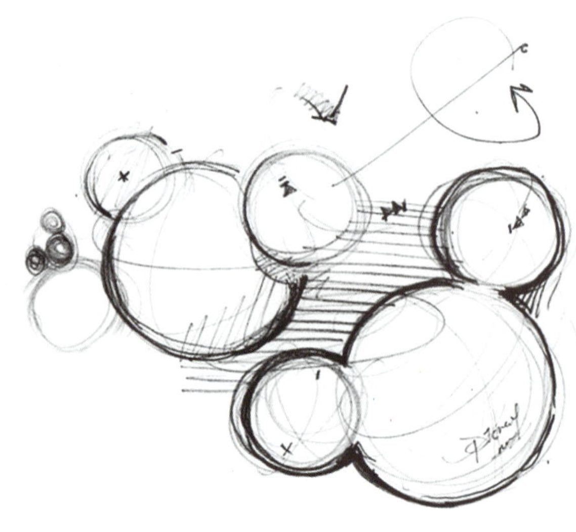

人为形态是人类为了生存和适应外界环境，或是按照一定的目的和要求，依据自己的知识及技术创造出的各种形态。

形态又可分作具象形态和抽象形态两大类。人为具象形态是指由人为创造出来的存在于自然界中，人们通过视觉、触觉所能感知到的所有现实形态。如日用品、家具、五金工具、交通器具、通信器具、建筑……

抽象形态指那些自然界本身并不存在，而是由人脑思考创造出来的形态。其中又可分为：几何抽象形、有机抽象形和偶然抽象形三大类。

几何抽象形：它是一种纯粹的、理性的、以几何线为主的形。如圆形、矩形、三角形、梯形……此类形态给人以理性、逻辑感觉，但同时也易使人产生冷漠、生硬的心理感受。

有机抽象形：它是介于自然形和抽象形之间的一种形。该类形态中仍保留某些自然具象形态的特征，且具圆滑、单纯、富于机能性的美感，因此也有利于表现一部分感情的特点。

偶然抽象形：该类形态是由某种偶然因素而形成的一种并非完全能由人主观控制的形。偶然抽象形态由于具有很大程度上的随机性，因此有利于表现一种自由、洒脱的心理感受。

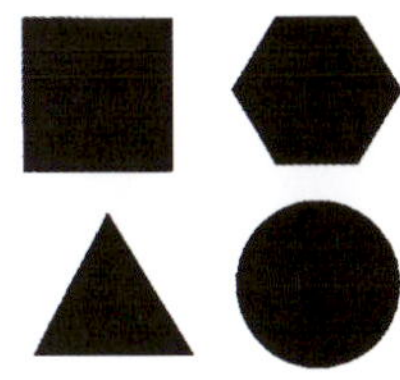

几何抽象体

有机抽象体

偶然抽象体

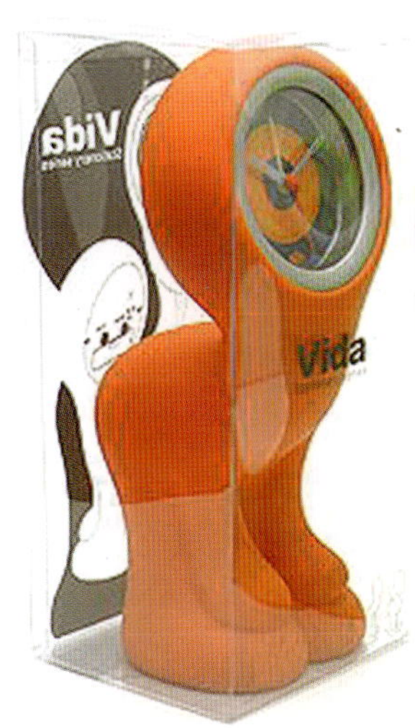

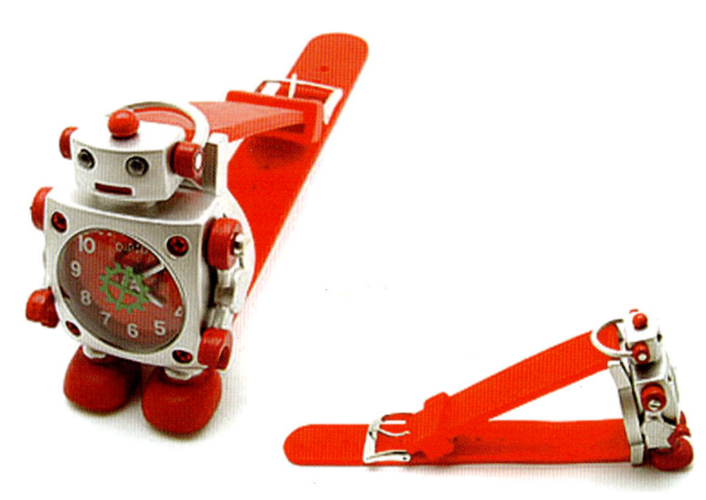

2.1.3 形态的基本要素

形态的基本要素可分为四大类：概念的、视觉的、关系的、实用的。

1.概念的要素　概念的要素是指在客观现实中并不存在的，由感知而得到的抽象性要素，具体而言是“点、线、面、体”。

(1) 点

①点的概念：点是一切形态的基础。在几何学定义中，点只有位置而没有大小，更没有长度和阔度，它是一条线的开始和终结，或存在于线的交叉处。在实际应用中，点的感觉是相对而言的，并且具有一定的视觉形象。

②点的视觉语言特征：点具有视觉张力，当视觉区域中出现点时，人们的视线就会被吸引集中到这一点上，形成力的中心。若点移动，则人的视线也随之移动。当两点并存于同一个画面时，人在视觉心理上会自动在其间生成心理连线；多点连续排列可产生虚线和虚面；多点按一定大小排列可产生方向感、节奏感和韵律感；点在画面中位置不同，会给人带来不同的心理感受。

(2) 线

①线的概念：在几何学中，线是点移动的轨迹，线有长度但无阔度，线有位置和方向，线存在于面的边缘和面与面的交叉处。

②线的分类：在曲直上，线可分作直线、曲线和折线；在方向上，直线又可分作水平线、垂直线和斜

IDEA INTERNATIONAL
mydoob.com

mydoob.com

线。曲线又可分作自由曲线和几何曲线。线还有粗细长短之分。

③线的视觉语言特征：总的来讲，粗线较细线醒目，长线较短线突出，成角度的线比成水平或垂直状的线更富于变化。

直线的视觉效果偏重于静态，较为理性，独具的明确方向性使直线有很好的表现力；水平线平和安定，垂直线硬挺沉稳，向上方倾斜的斜直线上升积极，向下倾斜则感到沉降消极。

垂直线：挺拔、明朗、坚强、富有男子的阳刚之气。

水平直线：平和、安定、辽阔、静止、永恒。

斜线：有趋势、有变化，动态感、方向感、刺激感强。

折线：波动感、不安定感。

几何曲线：有规律性、弹性。

自由曲线：优雅、流畅、柔和、轻松，富有感情色彩和阴柔的女性魅力。

粗线：短促、有力、稳重。

细线：纤细、锐利、速度感强。

理解线的形态，目的是为了更好地把握线的表现力，为应用线这一视觉语言进行设计打好基础。

제품사이즈비교

(3) 面

①面的概念　几何学中的面是线移动的轨迹，面有其长度和阔度但无厚度。视觉上点的扩大与线的宽度增加均可产生面的感觉。

②面的分类　面的形态按几何学可分为圆形、方形、角形和不规则形。

③面的视觉语言特征

形态圆形　圆润、饱满、富有动感。标准的正圆形中心对称，使形柔和中见沉稳；带有生命力的卵形则有充实的弹力。

方形　稳定、坚实、规整、富有理性。

角形　尖锐、刺激，因其有尖锐突出的角，可加重人知觉上的紧张感，故有着极强的不安定性。

不规则形　由曲线、直线复合而成的复杂面形，个性复杂，即使同一形态，也会因观察环境和主观心态的不同而产生不同的心理感受。

(4) 体

①体的概念　在几何学中，体是面移动的轨迹，是具有长度、宽度和高度的三维空间实体。

②体的分类　按照三维空间实体的基本形态来分，体可分下列四种：

几何平面立体　是由四个及以上的几何平面其边界直线相互衔接而形成一封闭的空间实体。如三角锥体、四棱锥体、立方体、棱柱、棱台等。

几何曲面立体　是由一带有几何曲线形边的平面，沿着直线方向运动而形成的几何曲面柱体或回转体。如圆柱、圆锥、圆台、圆环、圆球等。

自由曲面立体　是由自由形体和自由曲面所形成的回转体。

自然形体　是指由自然形成的一些天然形体。如山川、石砾、苍柏、枯藤、朽根等。

③体的视觉语言特征　几何平面立体由于其形体表面为平面，其棱线为直线，所以给人的视觉心理特征是庄重、大方、简练、沉着、严肃、刚直、明快等。

几何曲面立体因其表面为几何曲面，故显得比几何平面立体、活泼、生动；又因其秩序性较强，则给人的视觉心理特征是既严肃又活泼、既端庄又灵巧。

自由曲面立体给人的视觉心理感受，是既有曲线变化给人优美活泼感，又有一定的秩序性。但应注意，如果其曲面变化太大，各面的曲线缺乏统一的整体性，就会给人琐碎零乱的感觉，因此有的自由曲面立体还应与直线形体适当结合，以增强其稳定性和坚强感。

天然形成的自然形体极具偶然性，有的形态感觉很独特，再加上一些自身所独有的材质美感和色彩的独特，则给人的视觉印象更是清新、独特。

2.视觉的要素　要想使概念的要素可视化，则需通过形状、数量、色彩和肌理加以体现。而形状、数量、色彩和肌理就是视觉的要素。这些要素是人们实际观察中能够感知到的，因此视觉的要素是设计中最为重要的部分。

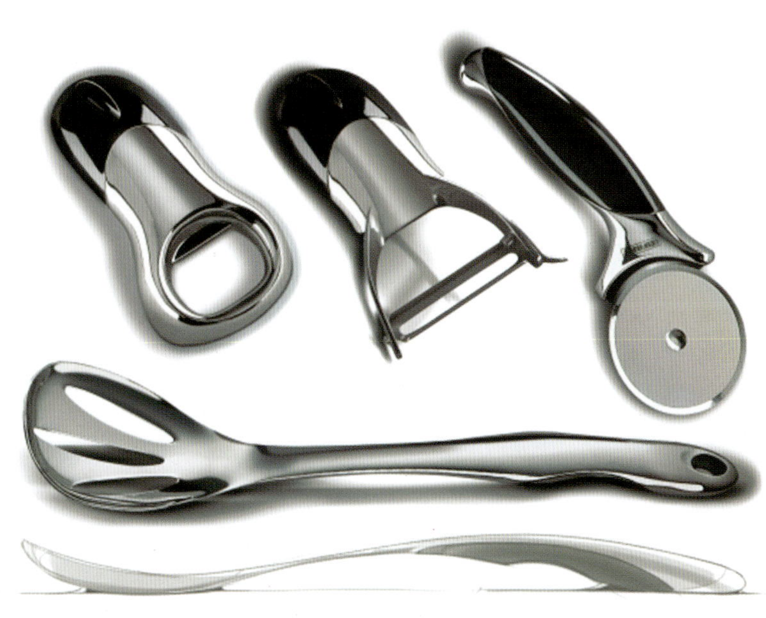

（1）形状曲直性、开闭性、凹凸性、贯通性等，任何可见的物质都有其形状，它是一切物质的外貌。

（2）数量个数、根数、点的大小、多少、线的长短和粗细、面的广度、体的量感等，任何形态也都有大小、多少、数量之感。

（3）色彩特指色相、明度、纯度这三要素，正因为有了色的感受和刺激，才使其形态世界更加丰富多彩。

（4）肌理指材料质地的组织构造给人的一种主观感受，肌理有细密和粗糙的不同，肌理分为视觉肌理和触觉肌理两大类。

3.关系的要素　形态的视觉要素的编排组合是由一定的关系要素来进行的，具体来讲，关系要素又分为：

（1）方位　形态与形态的方向与相互位置，是垂直、水平、倾斜还是相互分离、交叠等。

（2）光线　有光的存在使人的视觉感知到各种各样的形态，但相同的形态因光照角度和光色不同，则给人的视觉感受也不同，光线又可分为明暗、透射、反射、光源等。

4.实用的要素　实用的要素是指设计的内容及功能方面。它包括对象的生机、情感、意义、功能四个部分。

在人类创造形态的过程中，总是更加注重表现形态的生命活力感和奋发向上的积极进取感，希望借助形态的主观感受来表达人类的情感，赋予形态一定的象征意义，并满足设计的目的和达到设计时应考虑的社会需求等各种层面上的功能。

2.2 产品形态设计中的构成原理

2.2.1 构 成

构成是研究物质世界形态要素及其组合规律的科学。它不以客观物象为模特儿进行写生，而是从造型要素入手，把客观物象分解为点、线、面、体，然后按照一定的秩序重新组合，构成一新的形态。

今天，现代设计的基础课“三大构成”，即平面构成、色彩构成、立体构成是在德国的包豪斯学院得到初步确立的。平面构成、色彩构成和立体构成作为艺术设计的基础训练系统是相互关联的。设计师为了表达自己的创作理念，往往需在二维和三维空间进行艺术创造活动。当属于二维空间范畴的形态和色彩表现手段不能满足需要时，就要通过三维空间范畴的立体构成来表现。

构成与设计是有区别的。构成研究的内容是涉及各个艺术门类之间的、相互关联的立体因素，从整个设计领域中抽取出来，专门研究它的视觉效果和造型特点，从而做到科学、系统、全面地掌握形态。

构成能为设计提供广泛的发展基础。构成的构思不完全依赖于设计师的灵感，而是把灵感和严密的逻辑思维结合起来，通过逻辑推理，并结合美学、工艺、材料等因素，确定最后方案。

构成可为设计积累大量素材。构成在于培养造型的感觉能力、想象能力和构成能力，在基础训练阶段创造的作品可成为今后设计的丰富素材。

构成是包括技术、材料在内的综合训练。在构成过程中须结合技术和材料来考虑造型的可能性。因此，作为设计师来讲，不仅要掌握造型规律，且要了解或掌握技术、材料等方面的知识和技能。

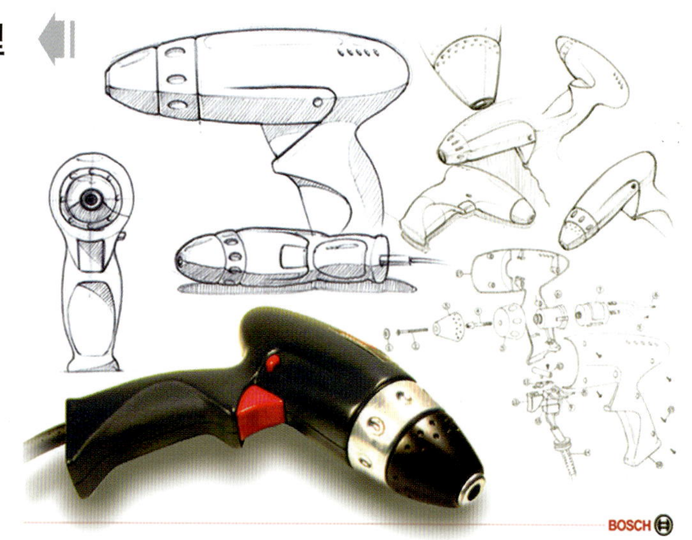

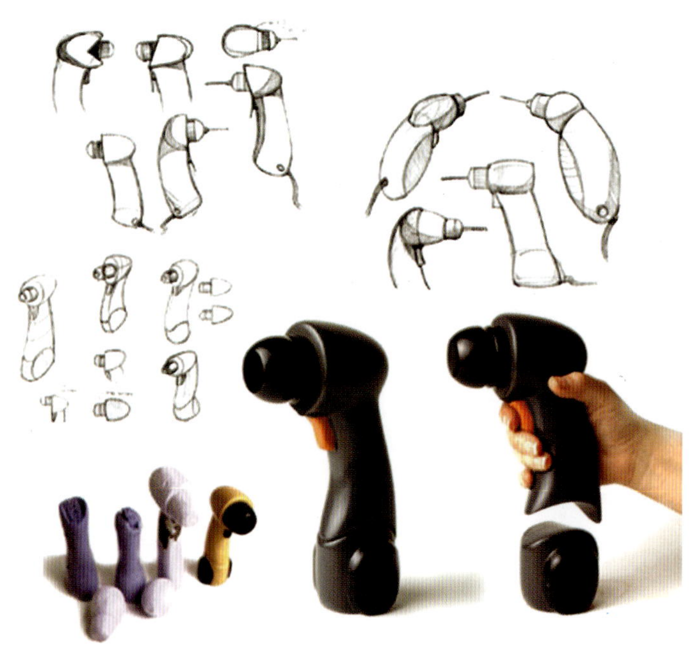

2.2.2 平面构成

平面构成是着重于长、宽二维空间的造型活动，主要研究平面上各种视觉形象的组合形式。也就是要培养一种理性的、逻辑的创新思维，把从事艺术与设计活动中无序的感性思维训练得有规律、有秩序、有理智。通过对平面设计中的基本形态要素点、线、面的特性与相互关系的理解，通过对美的形式法则中的比例、均衡、对比、统一、节奏、韵律等规律的认识，将各形态要素以一种新的秩序重新组合，从而再创造出一种新的形象。

1.正形与负形　在平面构成中形象占据画面空间，这时习惯把形象称为“图”，而将周围的空间称为“底”。在这里“图”就是“正形”，而相对于“图”来说的“底”就是“负形”。正形与负形在某些情况下可相互转换。在平面设计中，无论是形与形或是形与空间都是相对的。假设图与底只限于黑白二色时，将会出现四种形式：当图是黑，底也是黑时，称为消失；当图是黑，底是白时，称为正形；当图是白，而底是黑时，称为负形；当图是白，底也是白时，也称为消失。

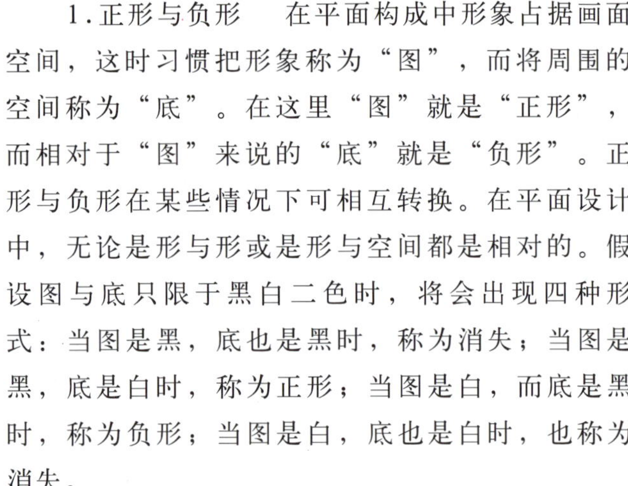

2.单形　平面构成中将出现的一个完整的单独形象称为单形。单形是相对复形而言。单形具有自身的单一性、独立性与完整性。单形的群化将使形与形之间发生各种相遇关系，从而组合出新的形，其变化是无穷的。单形可单独地重复群化，也可先组成组合单形，而后再以组合单形为基础，以一定的规律反复排列。单形的群化是平面构成中一种非常重要的构成方法。

由单形群化而成的形

形与形之间是由一定的编排组合关系构成的，按照可见关系有方向和位置，按感知关系有空间和重心。

(1)方向　形的方向取决于观察者的观看角度以及形与形或形与框架的相对关系。

(2)位置　形的位置取决于形与框架的关系以及形与形的关系。通常，形与形有分离、接触、覆叠、透叠、差叠、减缺、联合、重合八种位置关系。

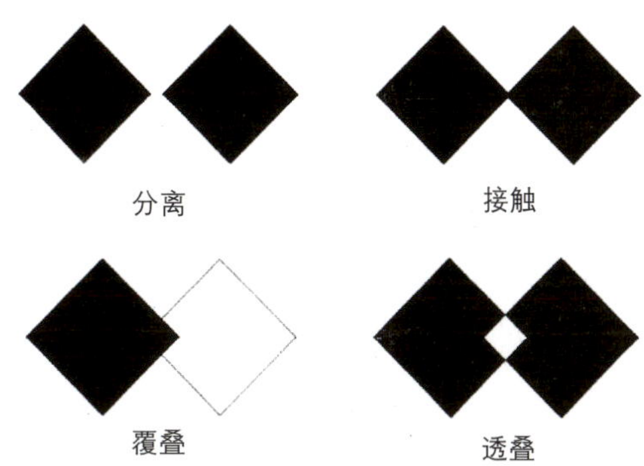

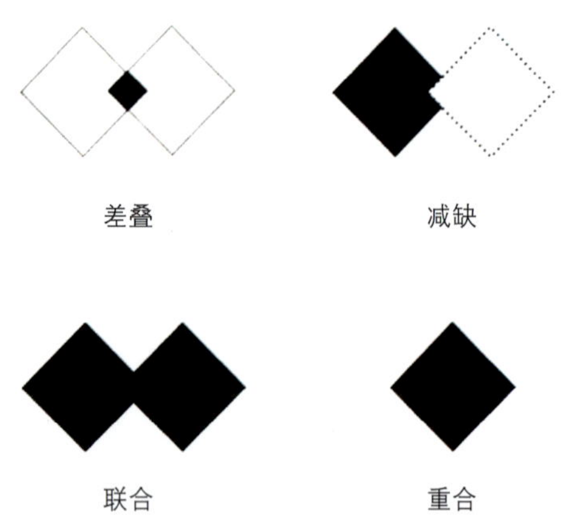

（3）空间　在平面构成中，由于形与形的上下、前后位置的不同而给人造成的一种深度感和立体感。这种进深事实上是不可触摸到的，是人的视觉经验联想而产生的一种“视错觉”。

（4）重心　平面构成中的重心也是属于视觉心理感受，是形体给人带来的轻重感和不稳定感，这种感觉是通过人的经验联想到的。

3.点的构成　点是一切形态的基础。点在几何学中没有大小、方向和形状，但在平面构成领域中，点可有自己的形状。点的感觉由大小所决定。点的视觉语言特征是：

（1）单独的一个点具有吸引视觉注意力的功能。

（2）当两点并存于同一画面时，人在视觉心理上会自动在其间生成心理连线。

（3）多点连续排列可产生虚线和虚面。

（4）多点按一定大小排列可产生方向感、节奏感和韵律感。

（5）点在画面中位置不同，给人带来不同的心理感受。

点的两幅构成作品

4.线的构成　在几何学中线是点移动的轨迹，有长度、位置而无宽度。在平面构成中线有粗细、长短和方向。研究不同的线的视觉特性，对于表现不同主旨的设计作品具有很强的语言魅力。例如，一根富有弹性的钢丝和一根软铅丝哪一个更富于视觉美感呢?对于学习设计的人来讲，了解不同的线的种类，注意区分不同的线的微妙差异并巧妙地灵活运用，是一个很重要的美学素养。

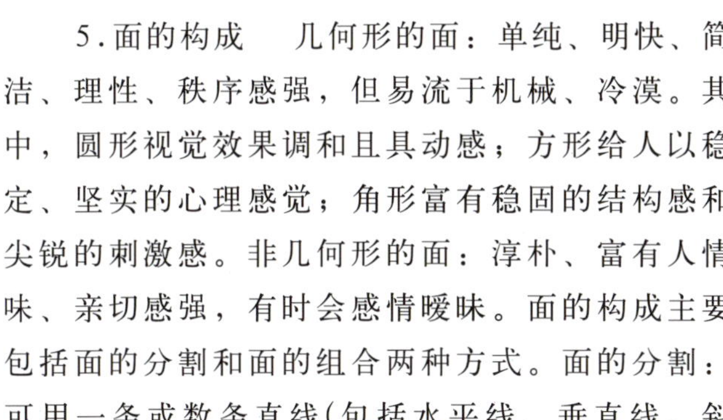

5.面的构成　几何形的面：单纯、明快、简洁、理性、秩序感强，但易流于机械、冷漠。其中，圆形视觉效果调和且具动感；方形给人以稳定、坚实的心理感觉；角形富有稳固的结构感和尖锐的刺激感。非几何形的面：淳朴、富有人情味、亲切感强，有时会感情暧昧。面的构成主要包括面的分割和面的组合两种方式。面的分割：可用一条或数条直线(包括水平线、垂直线、斜线)、折线、曲线或综合运用这些线将一整体的面割裂为一个全新的造型。面的组合是一些被分割或未被分割的面当做图形的概念以一种新的组合规律或秩序排列而成，其中可有方向、位置、大小的变化。在构成手法上又可综合运用接触、透叠、减缺、重复、渐变、发射、变异、密集等多种手法，从而创作出具有一定视觉美感的和变幻丰富的全新形象。

由形的的渐变而做的构成

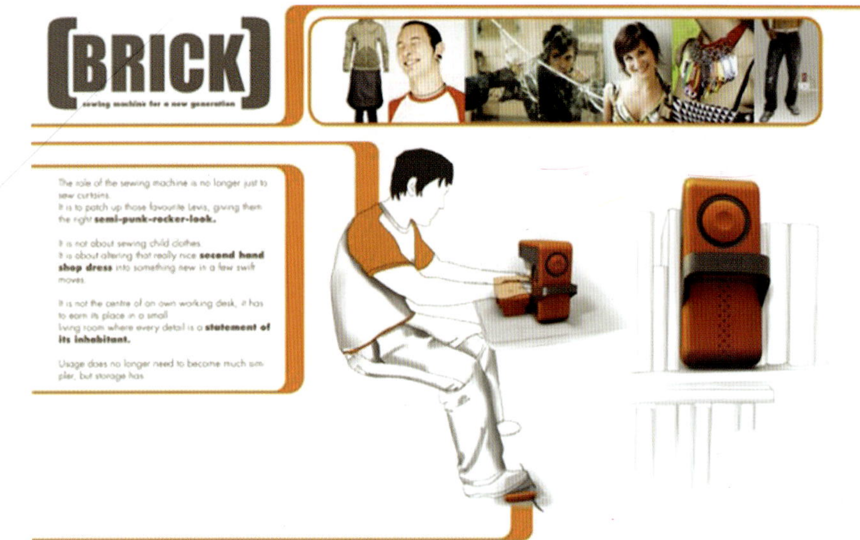

2.2.3 立体构成

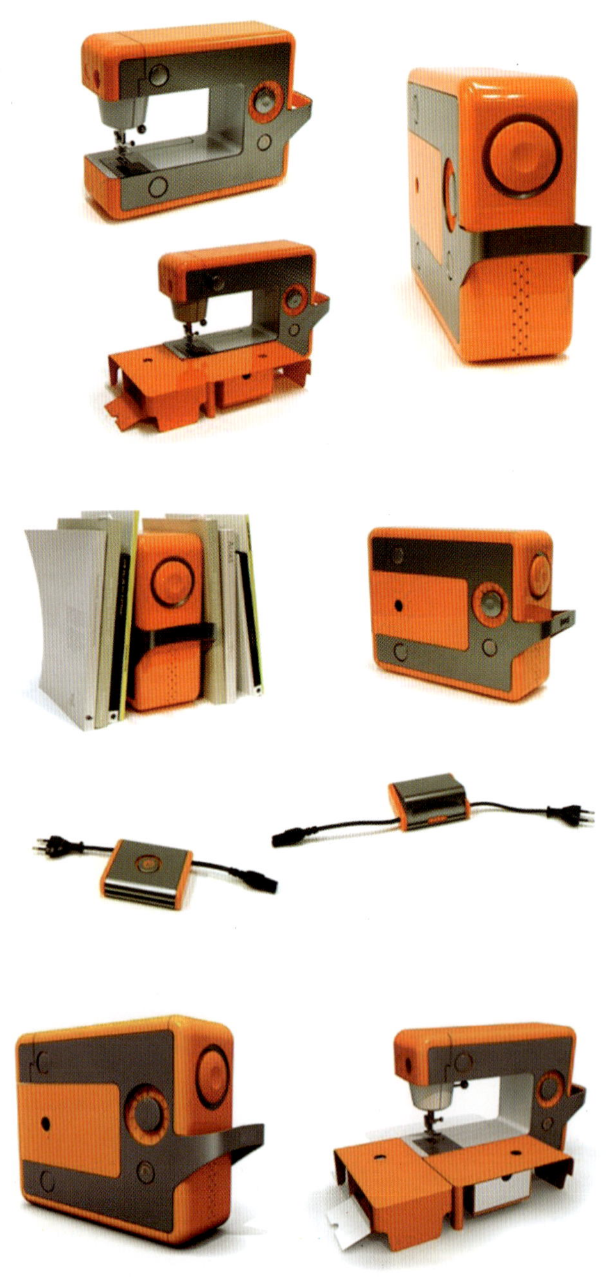

立体构成是使用各种基本材料，将造型要素按照美的原则组成新的立体的过程。新立体的探求包括对形态、色彩、材质等心理效应的探求和对材料强度、加工工艺等物理效能的探求两个方面。

1.线材立体构成

（1）概述　线材是指在长度上给人以线状视觉效果的材料，有软硬之分。硬质线材有木条、金属棒、塑料棒、玻璃棒等条状材料，软质线材有棉线、毛线、丝、化纤、麻等软线，还有金属、纸条等线材。这些材质都具有线材的特征。因为线材是靠一根根的线构成虚面而围合成一定的空间，且虚面具有一定的通透性，所以在这些半透明的线群的集合交错结构中会产生疏密变化的较强的韵律感。在线材立体构成中除了要注意艺术的感动性和美学上的要求外，还需注意空间与实体、力学与结构上的关系。

（2）软质线材构成　软质线材本身不具备一定的硬度，故需借助一定的硬质框架方可构成空间立体。框架根据不同的材质及材质特性可分作木三角体框架，木四方体框架，金属圆柱、圆锥、自由曲立体框架，还可选用已有形体进行切割变形成所需框架。软质线材有多种，不一一列举。软质线材和框架的连接方式可分为粘接、穿插、拴结、钉连等，以接口平滑、细腻洁净为宜。

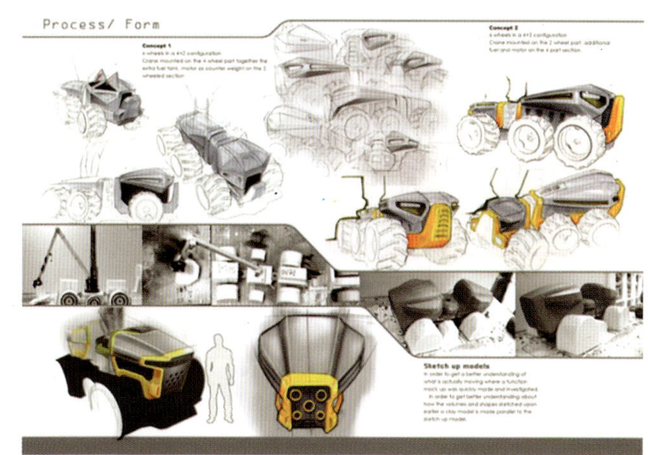

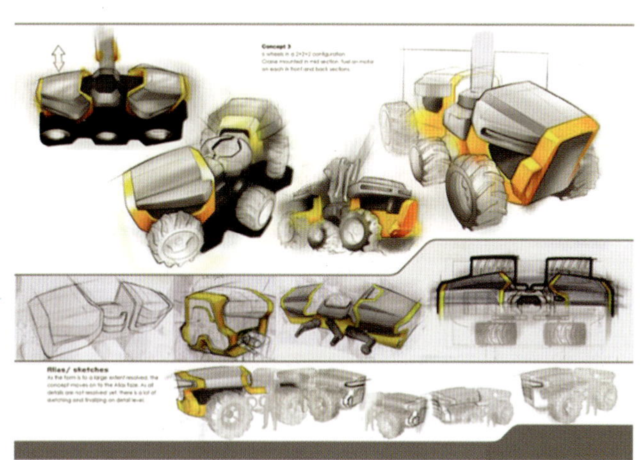

线材和框架的组合可形成线的密集、线的重复并列、线的发射、长短的渐变、方向的渐变等形式，进而形成各面。面与面还可进一步穿插和并排，进而形成线群之间的虚实互补而带来空间的变幻。

（3）硬质线材构成　硬质线材包括木条、金属条、塑料棒、玻璃棒、纸捻、竹条等。其构成方式可分为单回转体、多回转体组合、桁架结构等。其连接方式可用胶粘、自身插接、铆钉连接、线捆等。

在构成时应注意一定的力学结构并综合考虑多角度视觉美感。

硬质线材构成

2.面材立体构成

（1）概述　面材是指具有一定厚度和阔度的板状材料，可以是具有一定厚度的纸张，也可以是木板、金属板、胶合板、塑料板、有机玻璃板、玻璃板、泡沫塑料板等。

学习面材立体构成对实际设计有重要意义。在生活、工作环境中有很多物品和器具均由面材加工而成。通过对各种面材结构的练习，加深对面材结构所形成的立体空间的认识，会对立体造型设计和空间设计有很大的启示作用。

面材折屈

（2）面材折屈　大家都知道，一张白纸不具备一定的承载强度，但进行几道折屈后便可承重。立体构成中的面材折屈宜选用具有一定厚度和韧性的纸张，当然金属薄板也可以。折屈方法很多，可分一折、多折、压屈，折屈的线形可清晰肯定，也可圆润平滑。在面材的折屈加工中可用刀裁切，并用铁笔画好折痕，折屈的物体还可再粘连或插接，用折屈法可制作出三维实体。

（3）面材分割　分割面材方法很多，可将面材挖洞、均分或按比例分割，也可将面材做一局部分割而不剥离整体。分割是为了进一步加工，分割后的面材可再折屈、拉伸或再组合。

（4）面材组合　通过折屈、弯曲、压屈、切割等方式加工处理后的面材，要想进一步组合，就需运用一定的组合方法，一般，面材的组合有如下几种方法：

①胶粘法　是最直接的组合法，在加工面材立体时应预先留好粘接口，粘接剂可根据材料不同选用不同的种类，如丙酮、氯仿对粘接有机玻璃和ABS板很有效，白乳胶对粘接木板很有效但需加压并延长凝固时间，百得胶、双面胶带方便粘接卡纸……总之，粘口应保持洁净、挺刮，并尽量不外露粘接口。

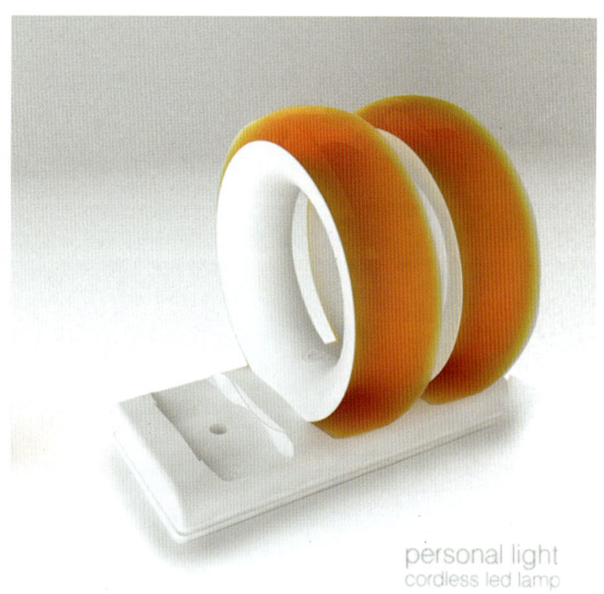

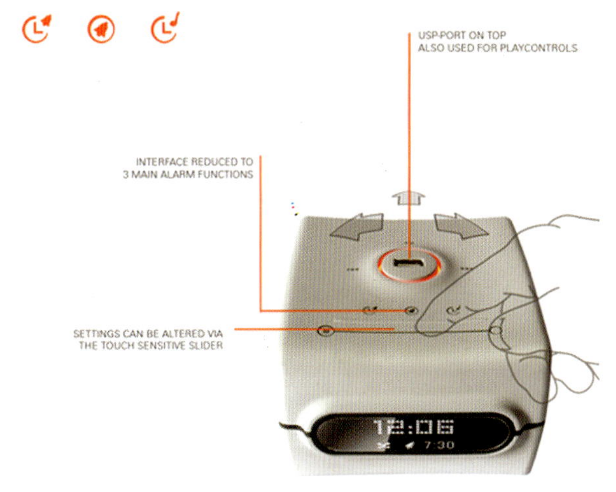

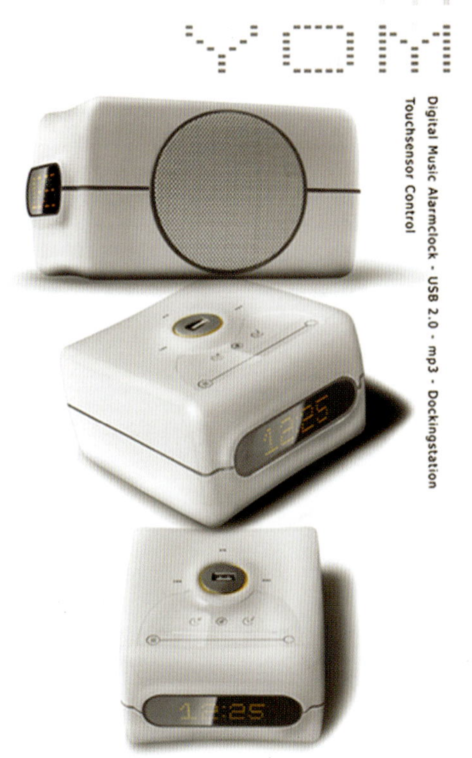

②插接法　它又可细分为带式插接、带式卡接、纵横式插接、咬挂式插接、压合式插接等方法。通过插接方法形成的立体可利用自身材料结构，因此最经济也最环保，现代的很多组合家具和玩具就是利用插接原理设计而成的。

（5）柱式结构　它是由板式面材折屈加工而成，柱的上、下底面可封闭也可不封闭。一般柱式构成可在柱端、柱面和棱线上进行造型变化。变化方法有挖洞、切割、折屈、拉伸、开窗、扭转、移位、压缩、束扎、凸起、凹入等。

（6）多面体结构　多面体的面材构成是指由面材折屈组合构成(正)四面体、(正)六面体、(正)八面体等，进而由这些基本形体再进一步集聚构成或切割变化，组成种类繁多、形态各异的空间立体造型。多面体可以是形状规则的，也可以是形态变异的（如凸起、凹入、锥角等）。

在加工多面体时，因为是由面材折屈加工而成，故应预留粘接口，并尽量将粘接口留在一边，这样才整齐有序。

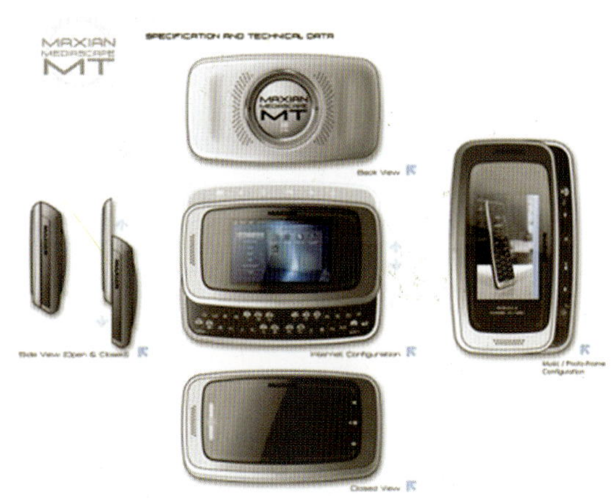

（7）组合结构　它是按照一定的设计意图将多个面材单体重新穿插组合在一起而形成的一个整体。组合的单体可为片状渐变组合（三角片、圆片、矩形片等），也可为管状组合（三角管、多棱管、圆管等），长短粗细也可不同，还可为块状组合，也可为任意形状的面材组合。在组合构成中应注意各部分形体的大小呼应、疏密有序、主次协调以及多角度观察的视觉效果等问题。总之，在设计过程中，应在整体美的基础上有所创新、有所突破，并能表现一定的精神主题。

3.块材立体构成　块材是指具有长度、宽度、厚度三维空间的立体量块实体。由于块材的空间体量感十分强烈，故其视觉语言也是充实而有力的。

立体构成中的块状材料有泡沫塑料块、泥块、石膏块、木块、铜块、铁块、石块等，也可以利用纸张、塑料板折叠成块材。组合块状立体形态最常见的有球体、柱体、锥体、立方体，但为了使其形体更加丰富，还可利用如下方法再创造：

（1）变形　其手法主要是使冷漠的几何形体向有机形体转化，从而更具有人情味。一般，立体的变形方式有：

组合扭曲　使形体柔和富有动态。

组合盘绕　基本形体按照某个特定方向盘绕运动，呈现某种动势。

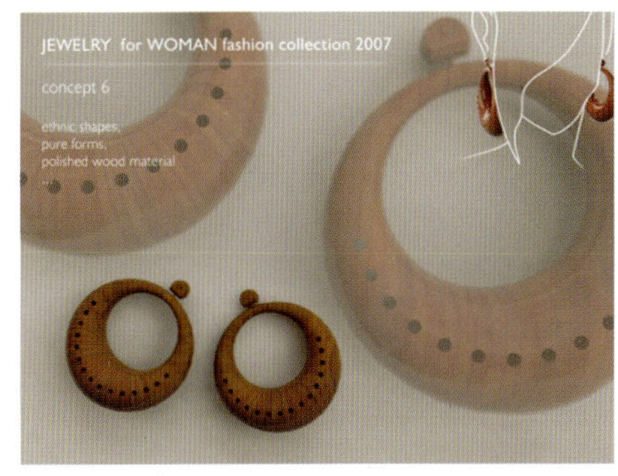

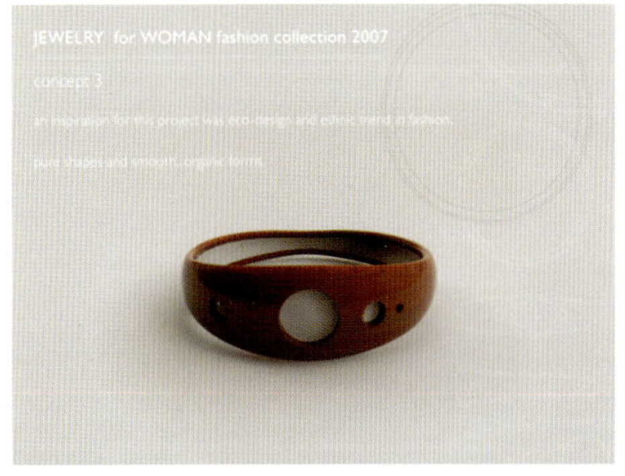

倾斜　使基本形体与水平方向呈一定的角度，出现倾斜线或倾斜面，从而产生动感，利于表现生动活泼的主题。

组合膨胀　表现出内力对外力的反抗，具有弹性和生命感。

组合块体的变形应注意如下两个问题：

①整体动势　各部分之间的连续应有强烈的一体感。通常，小的形体动势微妙则会显得含蓄、亲切，但其过于强烈则显得粗笨、牵强；大的形体动势应明显强烈，但动势过小则显得凝滞、柔弱、缺乏生气。

②线型的棱角　应注意强化由整体动势所带来的轮廓线的视觉感受，并根据外轮廓棱角的凸凹、曲直变化，来寻求局部与整体表情和动势的呼应和统一。

（2）分割　块材分割其实是一种减法构成，主要是指对基本形体利用分割、切削等手法所创造出新的形体。

①分裂　使基本形体断裂，如同成熟的果实绽开一样，表现出一种内在的生命活力。分裂是在一个整体上进行的，因此仍有统一感。由于分裂而产生的刺激，形成了对立的因素，使统一中有变化。

②破坏　在完整的基本形体上人为地进行破坏，造成一种残像，这是一种残缺的视觉美感，在人的心里知觉中是要将其还原的。这种手法使人产生震惊和疑惑的感情。

③退层法　使基本形体层层脱落外皮，渐次后退。退层处理常用于高层建筑形态，因为它能减少高层对阳光的遮挡，打破呆板的外形。

④切割移动法　为了丰富创作意念，增强思维的跳跃性和关联性，可以通过切割再移动重组的方法产生新形体。

一般，块状体的切割方式有：

立方体直线切割　在块材上进行宽窄不同的水平向和垂直向的切割，会产生富有变化的造型。经过切割后的形体，可形成大小、厚薄、高低错落的对比变化。

直线斜向切割。

立方体曲线切割　经过曲线切割的形体，会呈现出几何曲

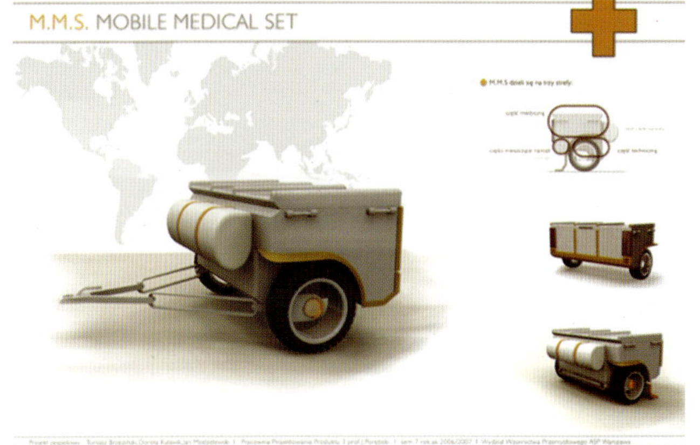

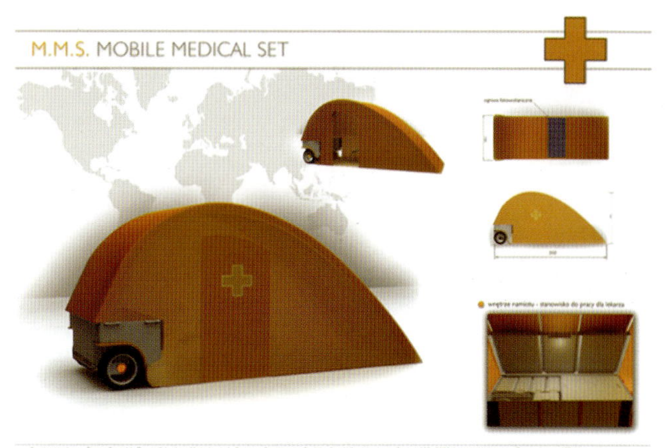

面的效果，它可表现出曲面与平面的对比，增强形体变化的美感。

曲面立体的直线切割　可在圆柱、圆球、圆锥上进行垂直、斜向、回转切割，从而形成平面与曲面的对比。减法造型应注意外部形体的变化，一般应侧重美学要素，即造型的比例。造型比例乃指造型整体与部分之间以及部分与部分之间的共同数比关系。

一般块体组合应注意：

①平面简洁、立面变化均衡，切忌一面墙的排列，造型的最高点应置于偏中靠后的位置上较为丰富而含蓄。

②纵横交错、虚实相生、对比统一。从各种视角观察均有良好的视觉效果。

③如果形体与形体因组合而产生的体面转换能以缓和渐变的方式由一个面过渡到另一个面，使形体转变自然，则会给人以亲切的整体协调感。

在块材的组合构成中，不应单调地运用一种组合方式，而应根据整体造型的需要，灵活运用美的构成规律进行创作。例如，可选择一个基本形体，按照形式美的法则，前后穿插有序，大小对比变化，整体

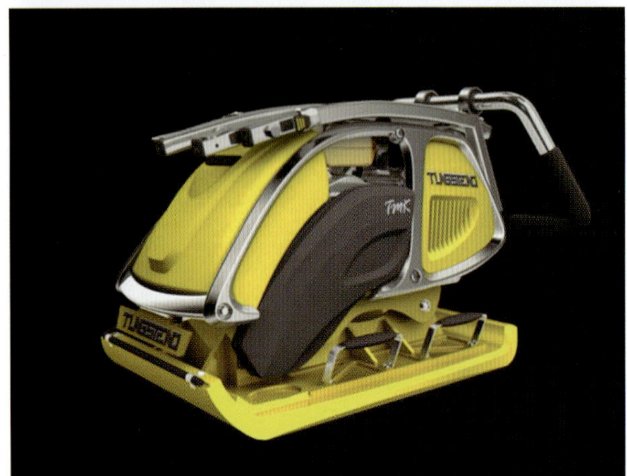

和谐生动地进行重复基本形的构成；或是综合运用不同的块状形体来表现其大小、空间、曲直、疏密等综合对比变化；也可利用可塑材料进行有机形体的抽象构成或仿生构成等。

2.2.4 形态的视错觉

视错觉是指通过视觉所达到的主观感受与客观的现实发生了一定的偏差，这种偏差由特定的环境和人特定的心理相互作用而成。

构成中点的错视指在一定环境因素影响下，由于人的注意程度不同而产生点的远近、大小变化的错觉。具体有如下几种情况：

1. 色感对比的影响　同等大小的两点，白底上的黑点感觉比黑底上的白点要小，这是因明度高的色点在视觉上醒目而有扩张感。

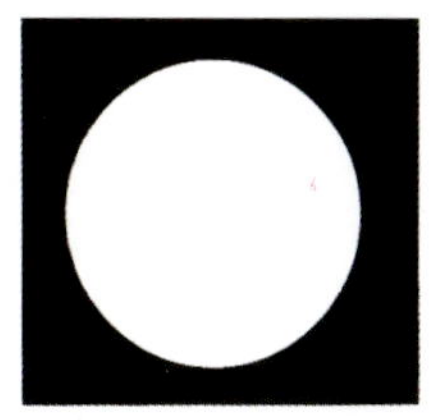

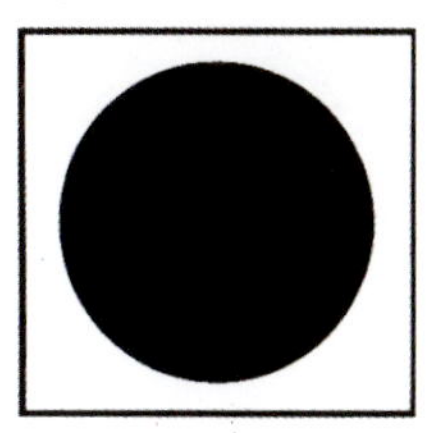

色感对比

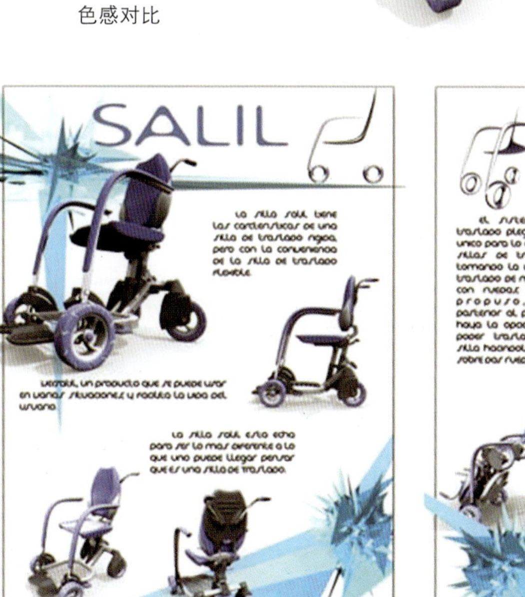

2.周围形态的影响　同等大小的两点，被大形包围的感觉比被小形包围的小，这是由于在大小对比中处于优势的点更易吸引注意力的缘故。同等大小的两点，被大边框包围的点感觉比被小边框包围的点要小，这是受周围环境因素影响所致。随着边框的缩小，点的感觉逐渐丧失，面的感觉逐渐增强。同等大小的两点，在角形中处于尖端的点感觉比处于末端的点要大，这也是受周围环境影响的缘故。

3.位置关系的影响　同等大小的两点，上方的点较下方的点大，这是因人的视觉习惯是从上到下、从左到右，而先看到的形态(点)较易吸引注意力的缘故。

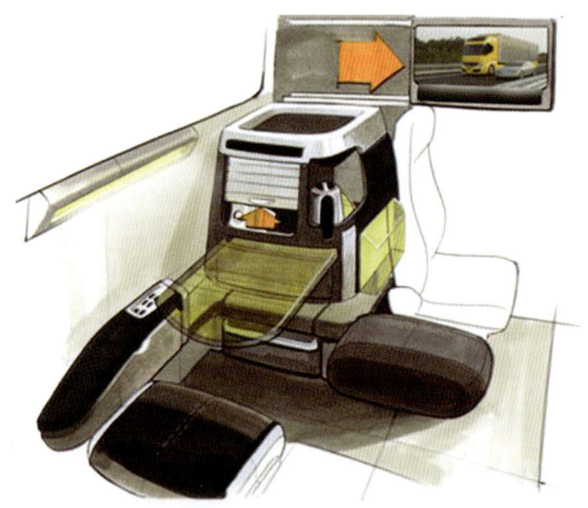

周围线的错视是指线与线、线与其他的形构成时，由于受色感、位置关系、周围形态和透视因素的影响，而导致的视觉偏差现象。常见的有长短、曲直的错视。

面多是由于点和线的移动轨迹而成的，所以面的错视多和点与线的错视有关。此外，面的形状以及“图地反转”也易造成面的错视。

视错觉是人正常的一种心理现象，熟练掌握并灵活运用视错觉的规律，可达到两种目的：

（1）在设计中避免错视带来的误导。

（2）利用错视进行有一定趣味性的设计。

在现代设计艺术学科中，这样的例子屡见不鲜。在工业设计领域中，产品设计类的仪器仪表及信息传递与功能控制面板中，常要注意通过设计来避免视错觉现象，以达到准确传递信息的目的。在产品形态设计中，如为了使冰箱的外轮廓显得圆润饱满，常把箱体的直线做成微凸的弧线，这样的线条将会避免直线的方形轮廓而造成的瘪凹错视，而更显得挺拔、流畅、悦目。

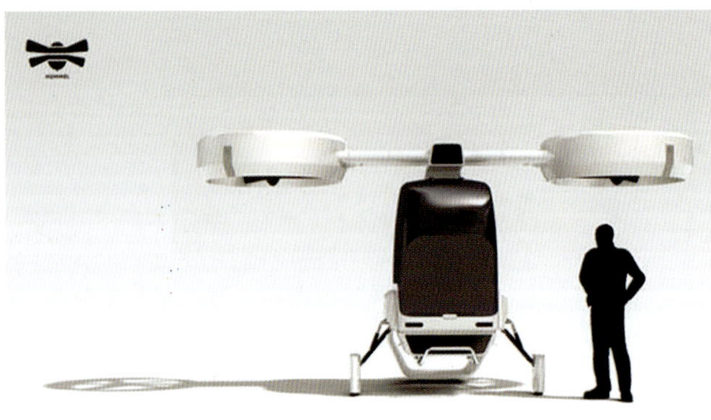

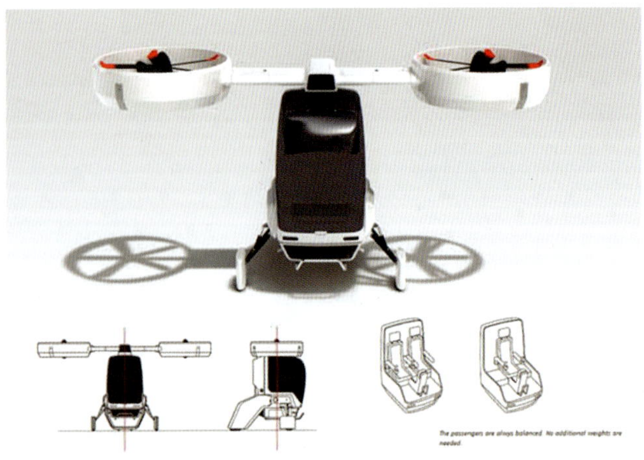

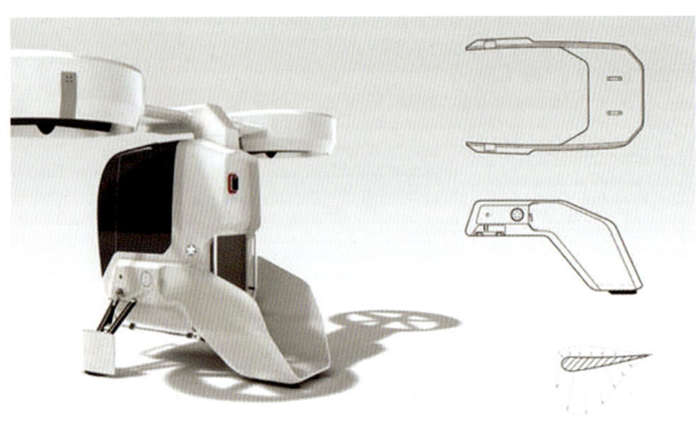

2.3 产品形态设计的原理和方法

在产品的创造过程中，形态的设计与创造总是最直观的一个方面，在形态的设计中应遵循一定的原理与方法。

2.3.1 产品形态设计要素

此处所指的形态是广义的形态概念，它包含有形、色、质、结构四个层面的要素。

1.形态　一件工业制品，无论它是单元部件本身，还是多个单元形体的组合，总以外在的一定的机能形态示人，不同的外在形态感受注定了产品的风格特点基础。在形态环节上，不但要考虑产品形态在比例与尺度上给人心理上的感受和生理上的适应等问题，而且还应考虑产品形态组织的合理性、宜人性、安全性，以及由此所带来的均衡、稳定、轻巧、秩序、节奏等效果，并注意形态整体上感受要统一、协调。同样是使人休息的道具，但不同形态却诠释了不同的情感。

2.色彩　色彩也是奠定产品整体形态感受与风格特点的一个重要层面。色彩不能单独存在，它要和一定的形态、材质共同表现，在整个形态创造过程中应服从设计的要求。也就是说，作为

造型要素的色相、明度和纯度，与形状、方向、面积、肌理等一起配合，组织成全部设计，并服从设计构成的基本原理：重复、交替、渐变、对比、调和、主次、统一、节奏、韵律、平衡、重点等。

在具体运用色彩时，要根据产品的性能特点来选择主色调，如餐具的洁净色感。

仪器应给人以冷静、沉稳、平和的色彩感受；电风扇宜选用冷色调，而取暖器则选用暖色调；同时还要考虑到具体使用者的生理与心理感受和使用环境的要求。例如，同样是日用器皿，儿童专用与老年人专用的应在色彩上加以区分；在病房或其他公共场合使用的与在个人家庭使用的在色彩上也要有区分。

在进行色彩造型方案构思时，还要注意国际规定的警戒色和民族地域的用色习惯及企业专用色等问题。例如，约定俗成的是红色表示警戒，绿色表示畅通。看到红色的水车知道那是消防用车，而红色的运输车则不一定是消防车，因为还可能是专用红色的可口可乐公司的运输车。此外，不同的民族和地区对色彩的偏好与联想习惯也是不同的。

3.材质　制作任何产品都需要一定的材料，材料是实现产品的基本条件，由于不同的材质其色彩、质地肌理及加工方法、功能、结构不同，因此即使是相同形态的产品，给人的心理感受也是不同的。例如，木质的家具使人倍感亲切、自然，不锈钢的材质则会感到有科技感，但也易流于冷漠。

材料是结构的基础。历史上不同材料的运用往往标志着不同的生产力水平和近代特征。材料的选择对于产品的工艺性能、质量特性以及市场效果都具有重大的影响。产品设计在材料的运用上，一般存在三种不同的趋向：一是返璞归真，这种趋向适应于当代生态观念，运用天然材料并保持其淳朴的宜人性质，如原木家具保持木质的天然质地、纹理和色泽，给人一种温馨、质朴和

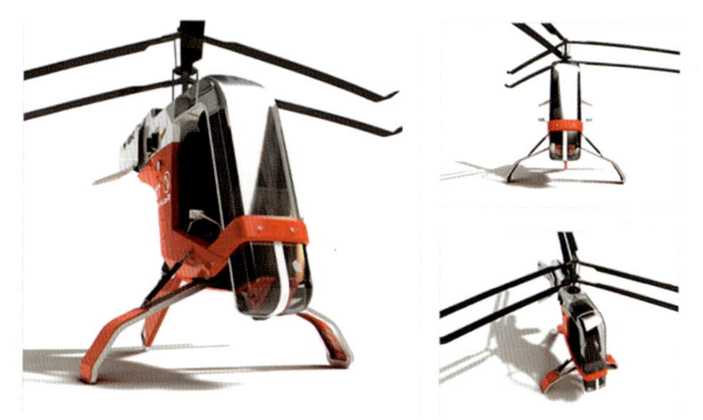

MÜCKE
Leichthubschrauber
2005

Die „Mücke" ist ein einsitziger Leichthubschrauber. Sie ist in erster Linie als Trainings- und Sportgerät gedacht. Ein geringes Gesamtgewicht und die damit verbundenen niedrigen Flugkosten machen diese Flugmaschine jedoch auch zu einer idealen Beobachtungsplattform, zum Beispiel für die Feuerwehr, Polizei oder die Küstenwache.

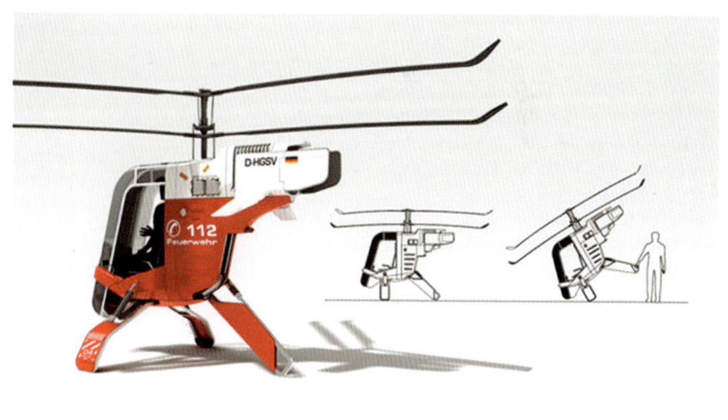

Die Mücke wird am Boden nach dem gleichen Prinzip wie eine Schubkarre bewegt.

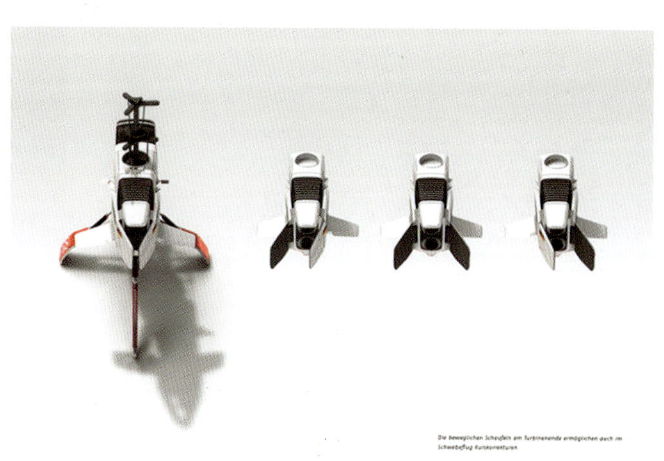

Die beweglichen Schaufeln am Turbinenende ermöglichen auch im Schwebeflug Kurskorrekturen.

自然生态特性的感觉；二是逼真自然，这种趋向利用可大量生产的人工合成材料来模拟和仿制天然材料，如用人造革模仿天然皮革，用人造丝模仿真丝制品，以维持人们对传统材料的感觉，争取新的人造材料获得认同；三是舍弃质感，突出形式，20世纪60年代以来，材料工业迅猛发展，各种新材料和复合材料层出不穷，它们的形态相近而性能各异，透明的不全是玻璃，闪亮的也不一定是金属。

随着现代科学技术的发展，人类不断改良和发明了更多的材料，从而也为产品形态的创造提供了多种解决方案。但选择材料时，应根据不同产品的结构、功能和使用环境及人的心理精神需求，来选择适宜的材料。

4.结构　产品中各种材料的相互联结和作用方式称为结构。产品是由材料按一定的结构方式组合起来的，从而发挥出一定的功能效用。金属可加工成日用器皿，也可加工成五金工具。它们的材料虽相同，但因结构方式不同，而具有不同的功能。同样，日用器皿可用金属制成，也可用陶瓷、塑料制作。在这里，材料虽然不同，但只要结构相近，便具有类似的功能。这就是说，一方面产品结构与材料密切相关，任何结构的构筑都要依靠一定的材料，材料是结构的物质承担者；另一方面，产品的功能则是由结构决定的，结构是产品物质功能的载体，是实现产品物质功能的手段集合。

产品结构一般具有层次性、有序性和稳定性的特点。所谓结构的层次性是指根据产品复杂程度的不同，其结构可能包含零件、组件、部件等不同隶属程度的组合关系。例如，汽车可分为车身、底盘、发动机、操纵装置等部件，而发动机又可分为气缸、活塞、曲柄轴等组件，活塞上又有活塞环等零件，由此形成了结构的多层次性。

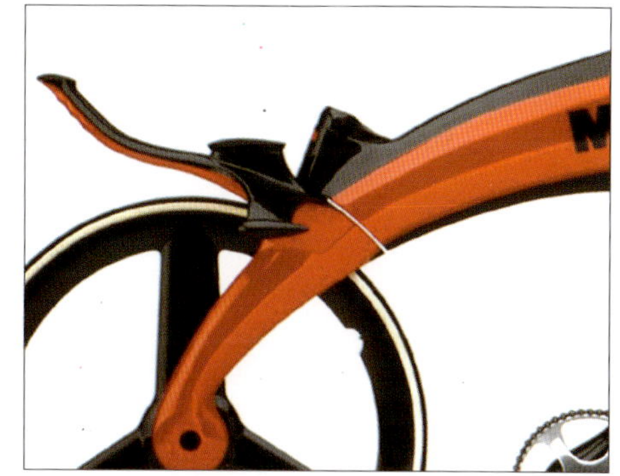

结构的有序性，是指产品的结构要使各种材料之间建立合理的联系，即按照一定的目的性和规律性组成。产品设计和生产过程就是将产品的各种材料由无序转化为有序的过程。有序性是产品实现其功能的保证。

结构的稳定性，是指产品作为一个有序的整体，无论处于静态或动态，其各种材料的相互作用都能保持一种平衡状态。因此，在结构设计中要充分考虑构件受力的变形、受热的膨胀、运动的磨损以及各种外界的干扰所产生的影响。

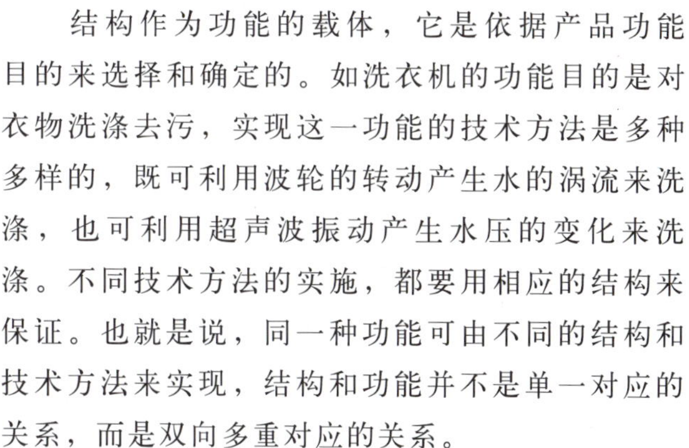

结构作为功能的载体，它是依据产品功能目的来选择和确定的。如洗衣机的功能目的是对衣物洗涤去污，实现这一功能的技术方法是多种多样的，既可利用波轮的转动产生水的涡流来洗涤，也可利用超声波振动产生水压的变化来洗涤。不同技术方法的实施，都要用相应的结构来保证。也就是说，同一种功能可由不同的结构和技术方法来实现，结构和功能并不是单一对应的关系，而是双向多重对应的关系。

应当说，产品的功能决定了产品的结构，而结构又决定了产品需要选用不同的形态来加以实现。由于现代设计、加工技术水平的不断提高，

产品结构所带来的束缚也在不断地被人们运用新技术、新工艺、新材料所解决，从而为人们开展自由的设计提供了更加广阔的空间。

一件工业制品的内在结构决定了此产品的风格与特点。在设计构思时，不但要考虑产品的物理结构上的合理性和可行性，而且还要考虑视觉上以及生理上的均衡、稳定、秩序、轻巧以及舒适宜人等问题。

2.3.2 产品形态设计的原理

产品形态设计必须满足一定的条件，才能创造出符合综合评价体系的产品。当然，这些原理条件之间不是一种孤立或对立的关系，不应片面地考虑某一个条件，只有综合全面地满足这些原理，形态设计才是有价值的。

产品形态设计的本质在于提高物质的使用价值和精神舒适这两个方面。前者偏重于生理的满足，后者着重于心理的追求。此外，为了提高产品的生产效益，要通过改进制造方法，来达到大量消费和普遍使用的目的，在设计制造时除应考虑计算成本、利润及产量等经济性外，还应有设计的独创性。

产品形态设计的原理是多方面的，有的重视实用价值，有的重视美观效果，有的以经济性为主要目的，有的则以独创性为最主要的原则，其选择的角度与标准要看产品的性质与使用者之间的关系来决定。如一件代表企业地位与身份的馈赠品就可不必过分考虑经济性原则去设计和制作，一件首饰也可不考虑实用性而以美观为主，而一套普通使用的餐具就应以实用性、经济性为优先考虑的目标。

1.实用机能　机能特指一件产品为达到某种目的所应具备的条件(如所需的形态和结构等)。运用机能和功能的观念，可使一切物品对人类的意义更加明确，进而达到物尽其用的最高目标。

每一件产品都有其不同的价值和性质，也就有其不同的机能。造物是为了满足需求，需求又包含生理、心理、物理三个层面，这就是一件产品所应具备的基本功能——实用机能。

简而言之，实用机能就是一件产品的功能，为了达到某种用途、目的，所应具备的基本条件。它是介于产品与使用者之间，是人类创物制器的原动力，与生活的关系最直接也最密切。

例如，一把椅子的形态设计，椅面采用什么样的造型才可避免臀部受压而促进血液循环的功能；椅背应以何种形态才可支持人体脊柱，并放松脊柱部分肌肉的功能。再则，椅宽、扶手等都须考虑到人机工程学的问题。另外，中西方人种体格上的差异，座椅性质和用途的不同，也需考虑高度、深度、宽度、材质以及使用寿命，这就是实现实用机能所应具备的条件功能。

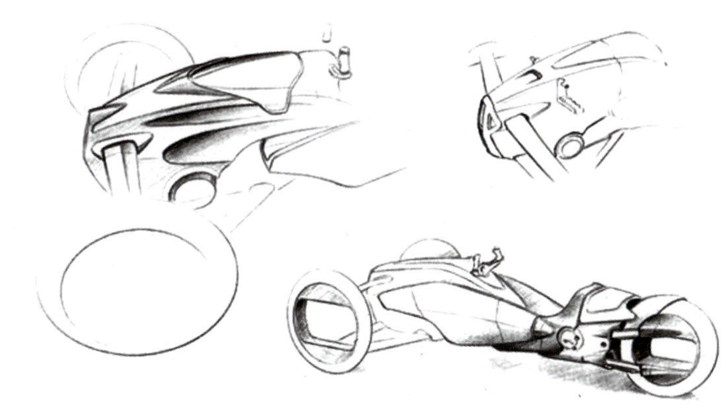

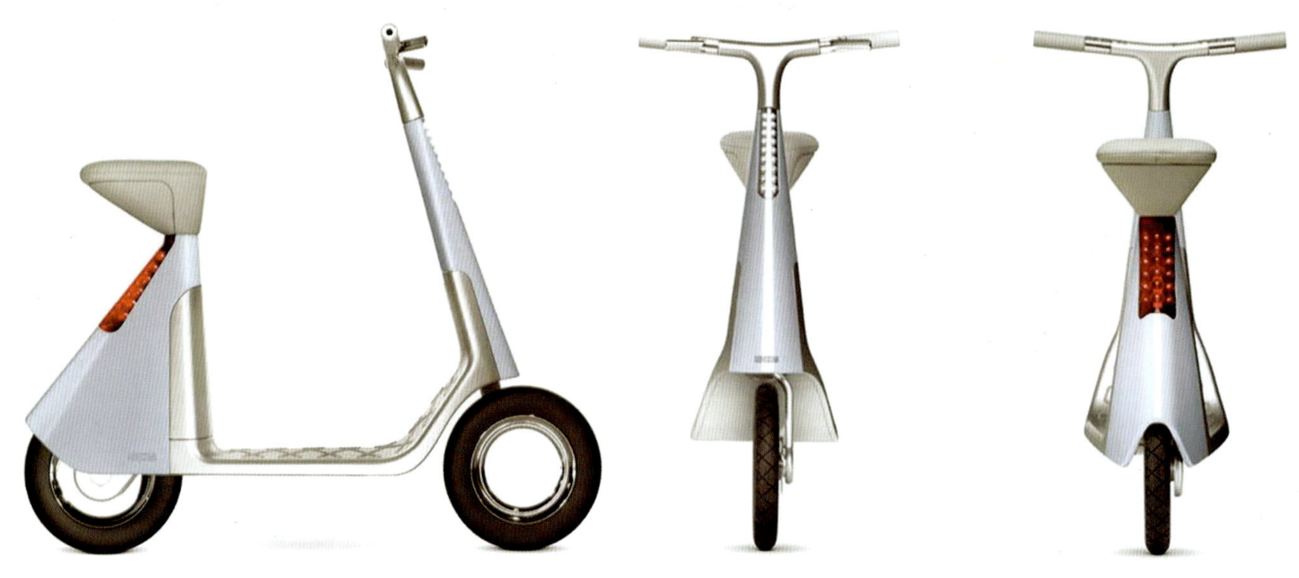

2.生产性和经济性　产品的创造作为一种造物活动，必然要通过工艺材料、运用工艺技巧，制成具有功能目的的各种实物。没有生产性，设计就不能具体化，也不能完成最终的物化和量化过程。产品造型的生产性必须具备材料、技术两个基本条件。材料是条件，技术是手段；材料规范技术、技术改造材料，两者密切联系、相辅相成，生产性始终处在发展变化之中。如从手工操作到机器加工再到计算机辅助设计与快速成型，无论是设计还是制作都产生了很大变化。产品形态的生产性是制约产品创造的因素之一，产品设计应巧妙运用生产性的条件，发挥生产条件的特性，以取得最佳效果。

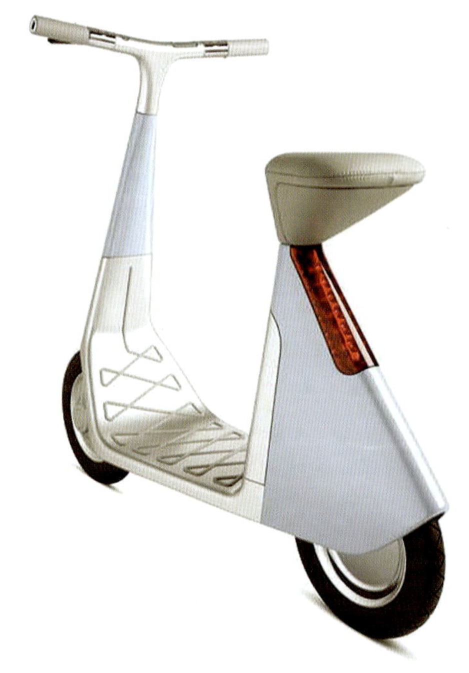

经济价值是产品在运用材料和加工技术中所体现的价值。这是物本体的价值，一般，它是具体、固定的和可计算的。

产品形态设计的经济性，直接由生产性所决定，间接受功能、审美性制约。产品的经济性可从生产、销售、消费、信息反馈以及社会效益多方面去理解。在生产方面，包括制作的成本，要尽量采用尽可能少的消耗来获得最大的经济与社会效益。如材料的合理使用，技巧的充分发挥，能源的尽量节约等。在销售方面，要重视生产和消费的关系，考虑最佳的“物流效果”。它包括包装的合理组装、运输的安全，以降低破损率。在消费方面，产品在生产中要做到牢固、耐用、方便、实惠、节省动力、提高功效。

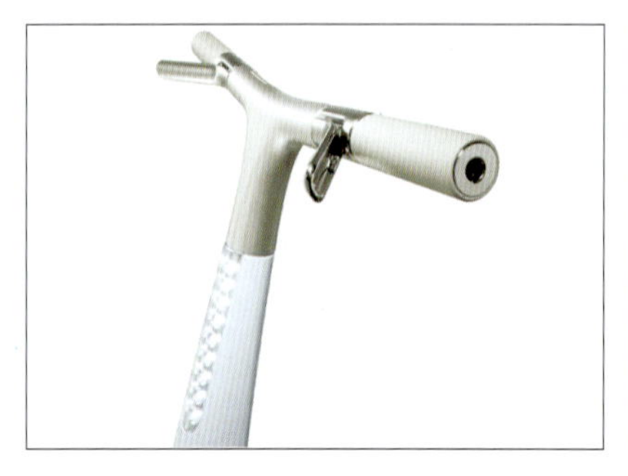

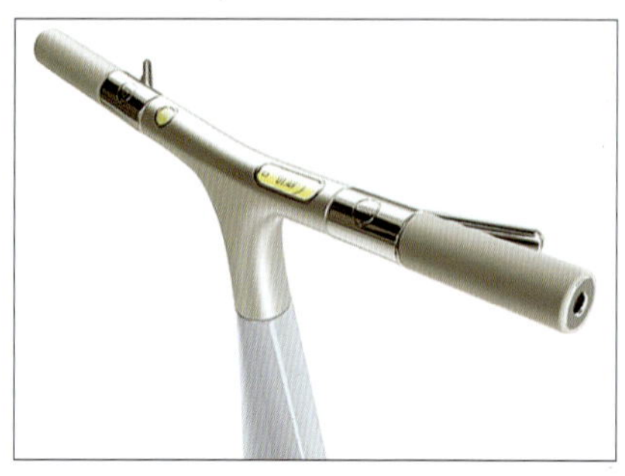

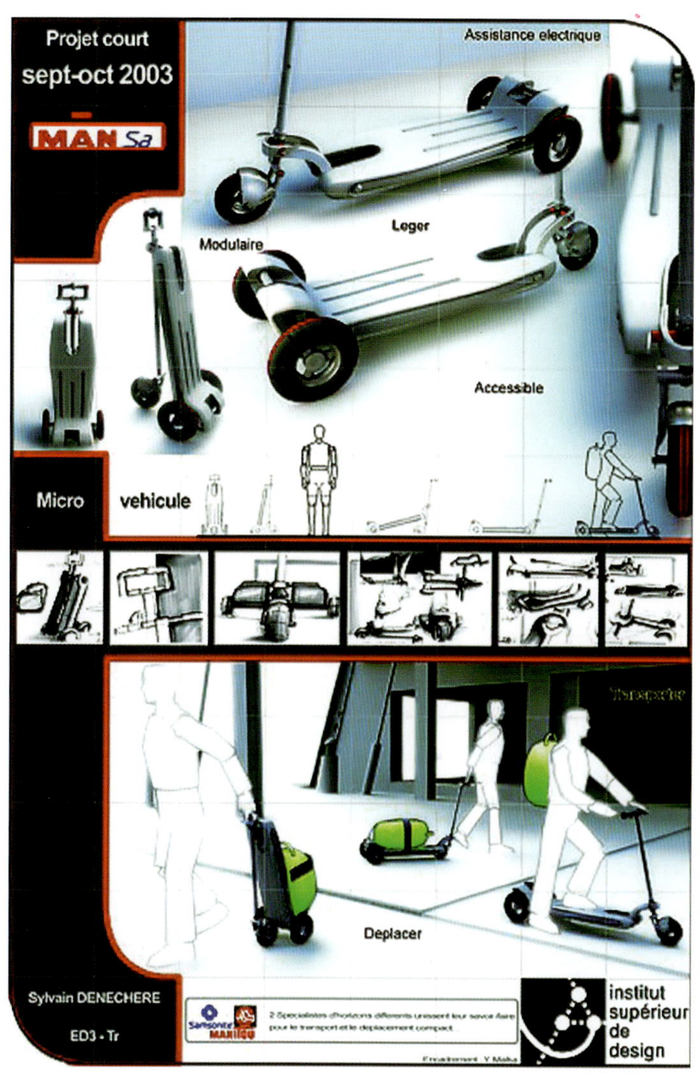

3.美感机能　人类除了生活在一个理性的、合乎逻辑的世界中，同时也生活在感性中。对于一个物品的设计与使用，既要考虑其实用性，也应考虑物品带给人们的感受。从广义上讲，美感应是机能的一个部分，它是指介于使用者和产品之间，经观察而得到的感受，在合乎视觉、触觉条理的状态下，以达到心理上舒适而愉悦的感觉。

美感机能又包括如下三个层面：

(1) 材质　产品造型与材质的选择密不可分。对于产品的形态来讲，运用何种材料来制造并不重要，关键是要掌握材料的特性，发挥材料的效果，以更好地通过材质来表现产品的形态之美。但应当注意：

①选择适当的材料，配合产品的性质与造型。

②了解材质的特性，包括物理、化学、力学等方面。

③必须保持材质本身优美的特性，不用多余的装饰、色彩破坏其本质。

(2) 装饰与色彩　现代的流行趋势是造型力求简洁，避免烦琐之装饰。此外，人们生活在现代工业文明之中，人类愈来愈缺乏与大自然接触所产生的心理需求，即与大自然的亲近感。因此，运用自然材质做设计应尽量保留材质肌理优美的特性。

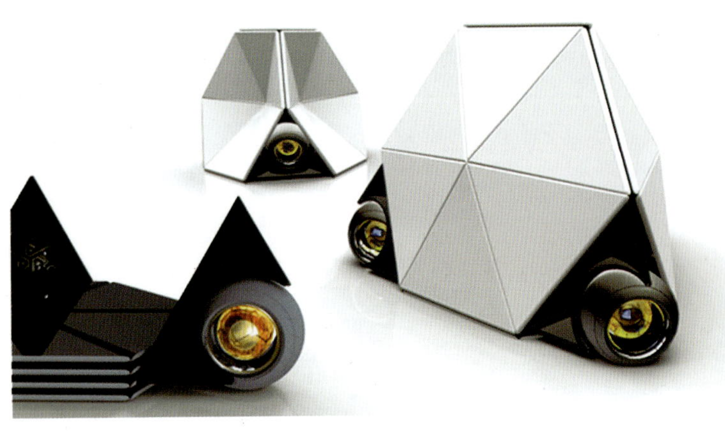

对于色彩运用，应考虑使用对象、使用场合而做合理的设计。

在进行产品形态设计中的装饰与色彩规划时应注意：装饰美要把握重点，简洁有力；不要破坏材质美；应当考虑民族、时代性与地方色彩；应当考虑到产品的性质、用途与使用对象。

（3）制造技术　优良的材质、完美的造型设计，都必须通过精良的制造技术来体现出其美的价值。也许一块极为平常的材料，若采用高超的制造技术，却能表现出不平凡的效果。现代的制造技术，讲求完整的造型设计与生产计划，并结合科技与艺术、机械与手工，甚至采用电脑设计制作，制造技术更加精确完善，提高了产品的品质。

4.独创性　谈到设计上的“独创”、“创新”，很容易让人理解成全新的造型、全新的装饰，但这并非“独创”的全部含义，它还包括创新的材料应用方式、创新的手法、创新的观念等，而独创设计的核心就是创造新的生活方式。

文化即是人类社会不断创造的物质、技术、风格、信仰、习俗的总和。人类创造了文化，又常常会被自己创造的文化所困惑、所禁锢。随着社会的发展，新观念必将代替旧观念，旧事物也必将被新事物所代替，人们必须随时进行自我调节，不断打破逐渐固化下来的文化模式，突破传统束缚。在新的观念、新的生活方式、新的审美意识萌动时期，往往大多数人还沉浸在传统的观念之中。作为工业设计师，应大胆地打破前人的框框，以独创的概念从整体出发、多方位、多元化、纵横交叉地去思考、去创造，将旧的模式打散分解，深入研究，探讨它们的结构，找出联系这些结构的纽带，发现它们的优点与不足，然后再综合处理和整合，造就新观念下的新造型，这就是创新。

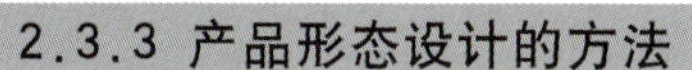

2.3.3 产品形态设计的方法

对于色彩运用，应考虑使用对象、使用场合而做合理的设计。

1.简洁化的形态是：构成要素少，结构简单，形象明确肯定。在人类的生活、学习与工作中，人们渴望能将其环境与空间得到充分利用。当进行产品设计时，在满足机能的要求下，简洁、紧凑的形态设计能使产品达到小型化。简洁的设计来自于对材料、技术的正确把握，来自于对功能、结构的精练、推敲，提供了解决问题的最佳途径。

简洁化是省略掉次要部分、夸大主题部分，使主体的意义更加明确。因而简洁的形态最醒目，最便于制作也最经济。

简洁化不是越简越好，简是相对于表达意义丰富程度的简，没有明确意义的形，无论多简单也不能算作是简洁形。对于简洁化的创造方法有三条思路可循：一是从美的侧面去把握形态的特性；二是捕捉其造型的规律性；三是将次要的功能省略、重组。

2.结构重组　结构重组是将组成产品的主要形体单元的相互排列和组合形式作为形态设计的变量，从而产生多种设计方案，以供优化选择最佳形态。

在设计过程中，设计师可暂时不考虑基本单元的各自形态及所用材料，只注重产品基本单元之间的相互排列和组合关系，全面考虑各种可能的方案，以此来寻求设计的突破点。通常，可从几个方面考虑结构变化：一是增加或减少组合单元的数量；二是采用其他产品的某些相关部件；三是增大或减小机构的行程；四是改变机构载荷方向；五是改变运动形式，如变曲线运动为直线运动，变垂直运动为水平运动等；六是改变单元位置，如将组成产品主要单元的顺序改变，上下颠倒、里外颠倒、正反颠倒等。

上述结构变化形式受诸多因素制约。合理的产品结构形式应满足以下要求：

（1）功能的改善和增加，即产品应更适于人们的生理和心理需求，使用更方便、更经久耐用。

（2）性能的提高，即产品应更安全可靠，利于维修和保养，并节约能源和不污染环境。

（3）成本费用的降低，即在产品生产制造、材料选择及整个流通领域中的包装、运输、销售等方面须着眼于降低费用。

3.模块化设计　模块化设计就是将产品的某些要素组合在一起，构成一个具有特定功能的子系统，并将子系统作为通用性的模块与其他产品要素进行多种组合，产生新的具有不同功能或相同功能、不同性能的产品。

由模块化设计出的产品具有如下优点：

（1）有利于通过模块的更新而使产品快速更新换代。

（2）采用模块化设计，利于产品设计的快速、高效及小批量、多品种的生产方式，有效地缩短生产周期。

（3）采用模块化设计，可实现降低生产成本，提高产品质量的经营目的。由模块化产品设计的目的是以少变应多变，以尽可能少的投入生产尽可能多的产品，以最为经济的方法满足各种要求。

在进行模块化的设计过程中应遵循以下要点：

（1）结合面在组合当中的可靠性、精确性和良好的置换性。

（2）模块结构与外形的适应性。

（3）产品在市场、技术、经济等方面的可行性。

模块化产品通常有两种情况：

一种是标准模块产品，也就是以广泛应用的标准件为基本模块，或是以他人或自己开发的现有产品的可通用部分为基本模块发展的产品系统；另一种是根据产品系统的发展目标而进行统筹规划、自行考虑模块划分的自定义模块。

模块的规划是设计中的关键问题。在具体设计过程中，要将哪些功能和部分，以怎样的组合方式，多少数量以及构成模块的一系列相关要素等进行综合评估，从而制订出解决问题的方案。

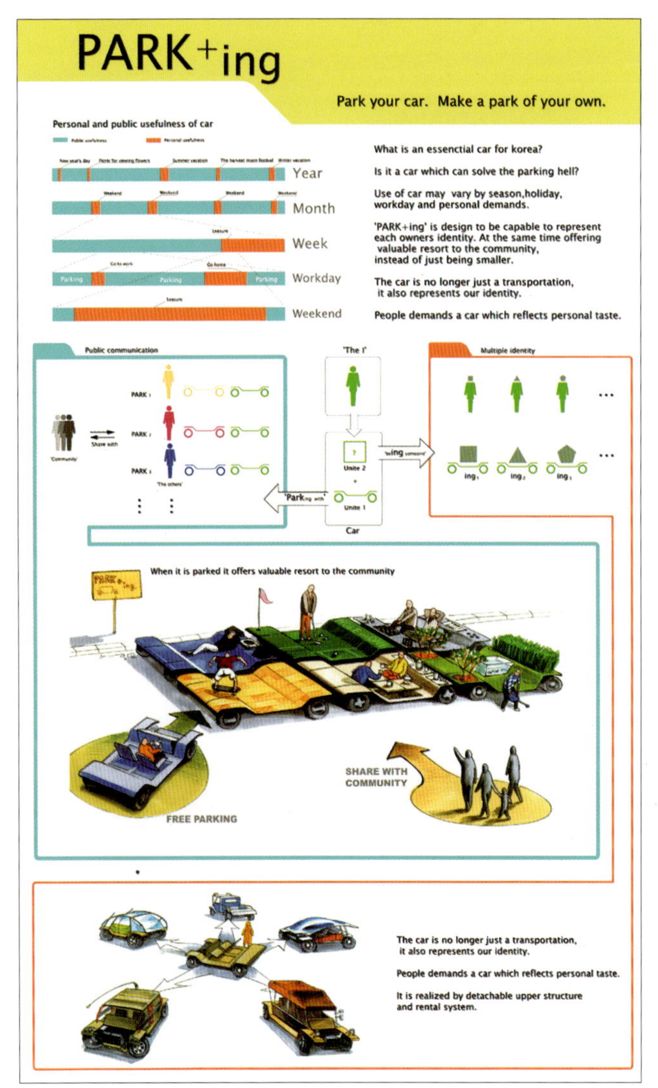

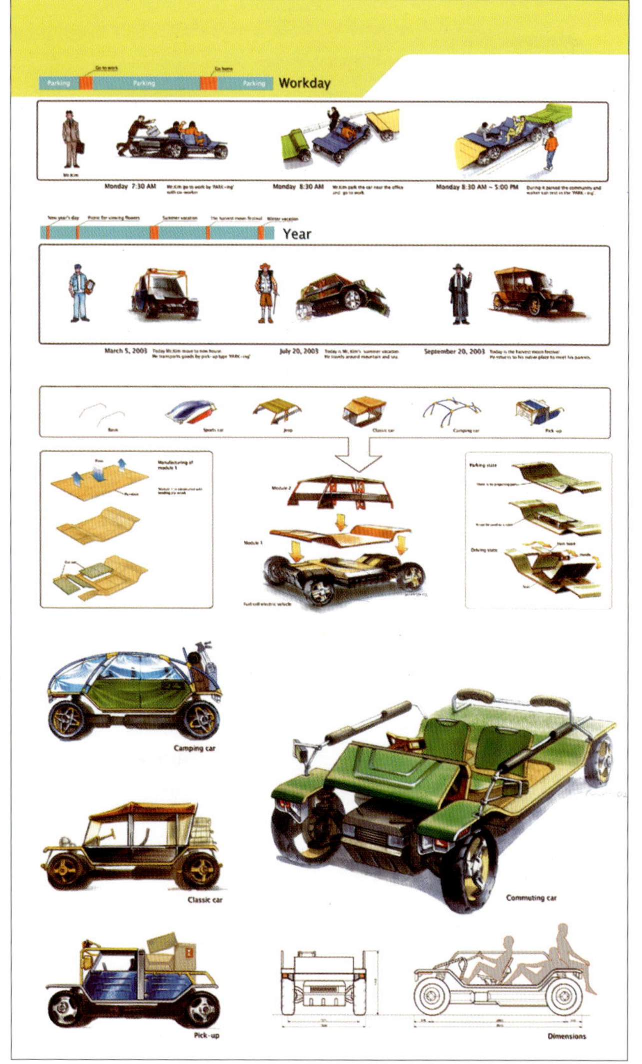

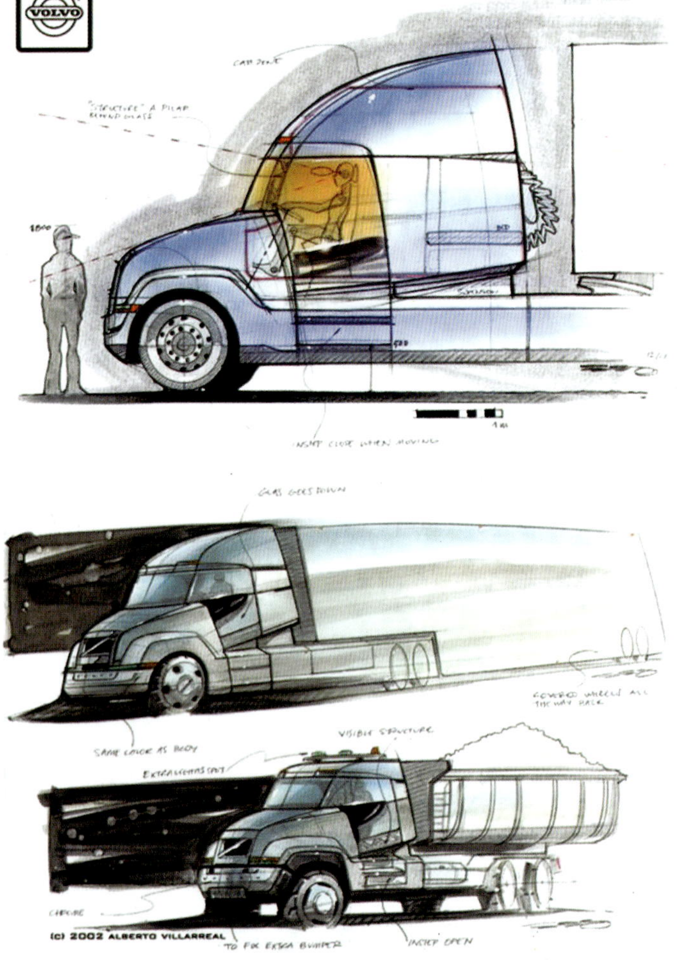

(c) 2002 ALBERTO VILLARREAL

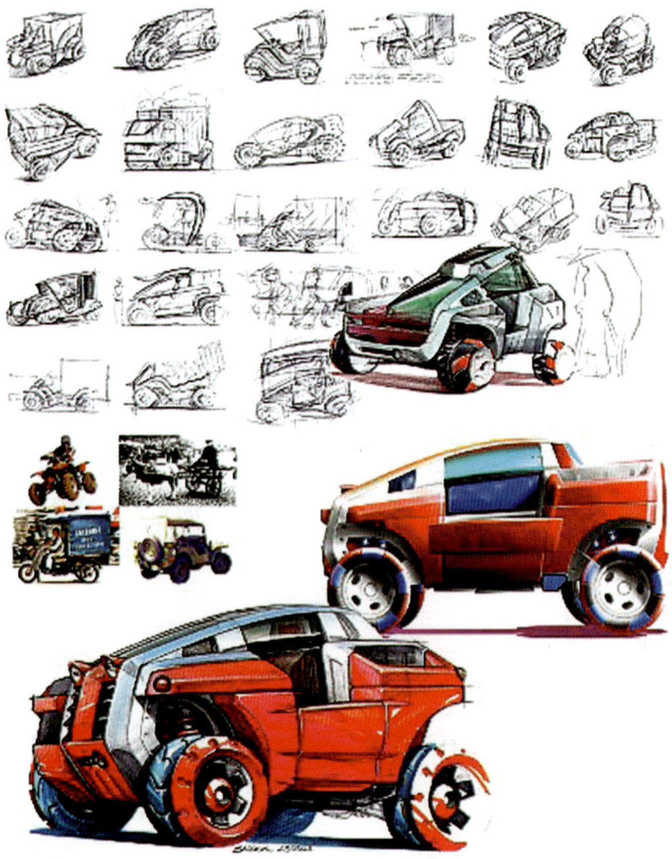

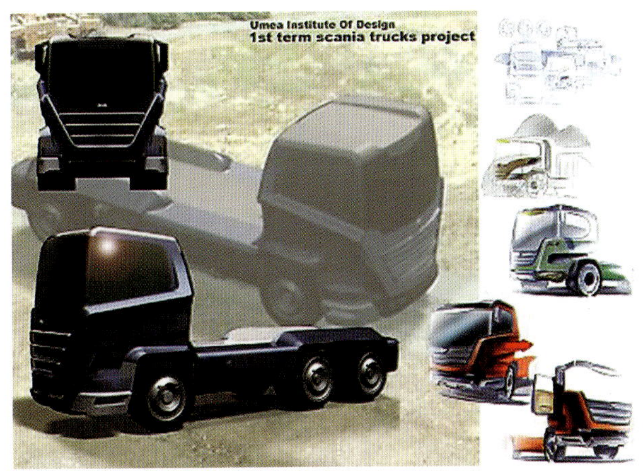

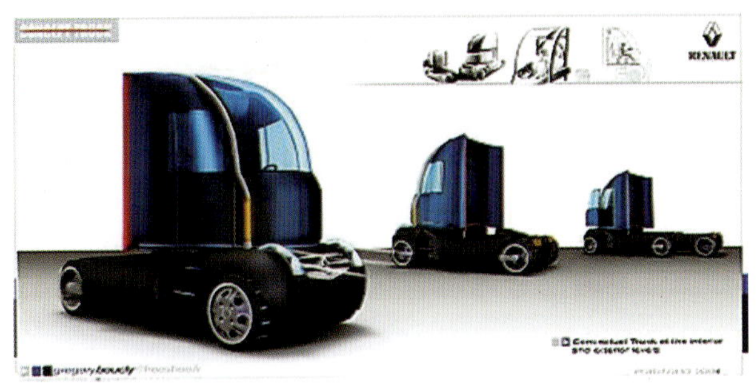

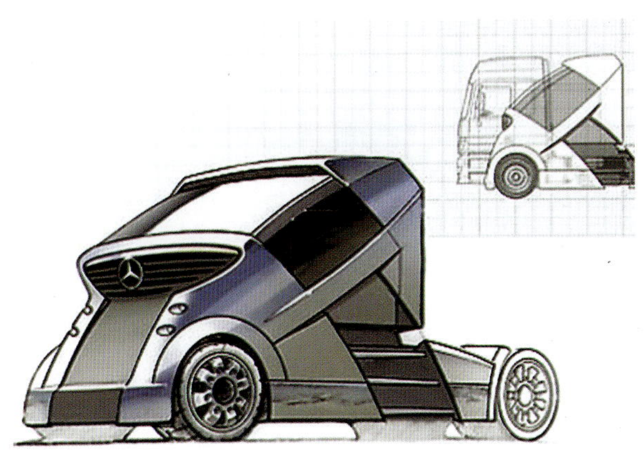

第3章 工业产品设计的方法和程序

3.1 概述

人类设计的历史源远流长，在设计发展的历史上，两次变革意义深远。第一次是设计与制造的分离，使设计成为一门独立的技术和学科得以延续和发展；第二次是设计与设计方法的分离，当设计的对象和过程变得日趋复杂时，依靠设计师的经验、感觉和灵感进行直觉思考的传统设计模式已无法适应现代设计的要求，注重科学、理性的设计方法从设计实践中被抽象出来，成为指导现代设计的一般规律、原则和方法，并由此诞生了以设计本身为研究对象的设计方法学。

3.1.1 设计与设计方法

1．设计

(1) 设计的类型　不同类型的设计工作所要达到的目标、要求及条件各不相同，通常把设计分为三种类型：

①开发性设计　指没有样板的设计，一般从对产品的抽象要求出发，在方案原理未知的情况下，使设计物的质和量都满足预定的要求。

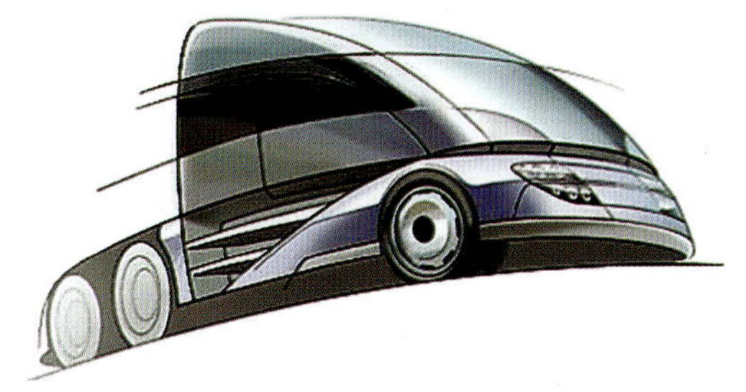

②适应性设计　指在总的设计方案原理不变的情况下，对已有产品进行局部变更，使设计物适应质和量的附加要求。

③变异性设计　指在方案原理和总的功能结构均不变的情况下，对现有产品的结构配置、尺寸、布局等进行修改，使设计物适应量的变化要求。

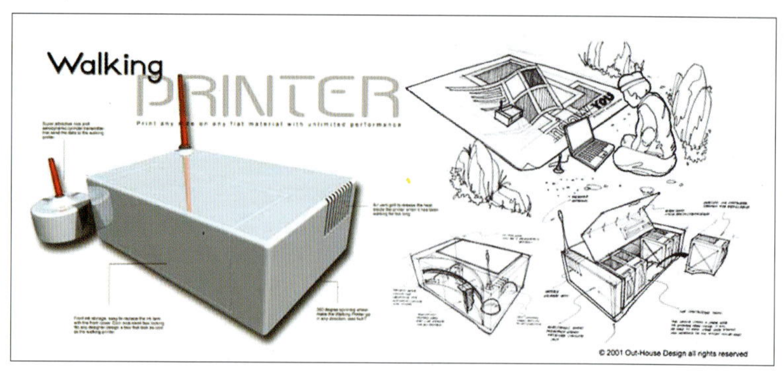

（2）设计问题的解决模式设计可视为问题求解的过程，设计问题的求解一般有三种模式：

①约束模式　使用多个约束条件缩减问题空间，最终缩减为包含满足所有约束的一个或若干个设计方案的设计模式。

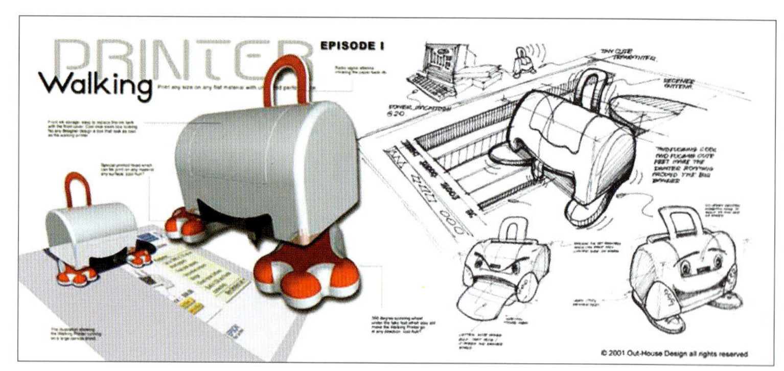

②推理模式　依据初始条件和设计要求，收集相关设计资料，通过归纳演绎等逻辑推理方法，逐步推导出设计方案的设计模式。

③搜索模式　又称为高度选择性试错模式，以设计初始状态作为初始条件，依据搜索结果不断变更搜索方向，通过若干次的分布搜索过程逐渐逼近设计目标状态的设计模式。

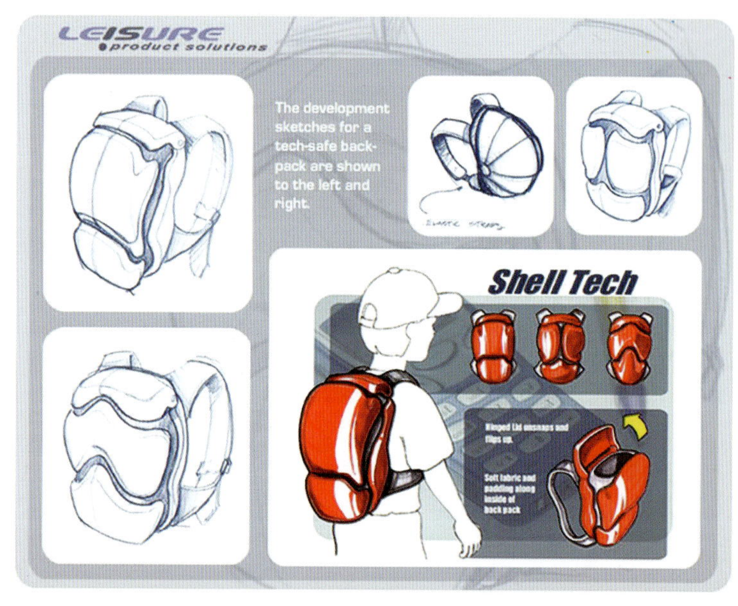

2.设计方法是指设计过程中所采用的方法，是按照一定步骤进行的程序。它以一种科学的、系统的方式规范设计的过程，并提供一整套思维方法引导设计师从事产品的创造性开发。

人类的设计经历了漫长的发展过程，设计方法也随着不同时期对产品设计的不同要求而不断变化。从设计发展的历史来看，设计方法的发展可划分为五个阶段：

（1）直觉设计阶段　设计体现为一种个体的、盲目的、试验性的活动，是一种周期性长、把握性小且具偶发性的自发设计方法。

（2）经验设计阶段　设计主要参考现有产品图样和手册中的经验数据进行设计，需经多次试制才能投入生产，因而产品开发周期长，且一般只能用于对现有产品进行局部革新设计，不能突破常规进行创造性设计。

（3）中间实验辅助设计阶段　设计中采用局部试验、模拟试验等辅助手段的设计方法，能有效缩短设计周期。

（4）计算机辅助设计阶段　设计中引入计算机辅助设计技术，能实现产品的设计、试验和生产的一体化，通过动态的模拟和仿真对设计中的问题进行及时反馈，设计效率和质量显著提高。

（5）现代设计法设计阶段　设计中引入系统论、控制论、信息论、智能论、模糊论等科学方法论，作为指导设计的一般规律、原则和方法，使设计的稳定性、复杂性、准确性和快速性都有质的飞跃。

3.1.2 设计空间

设计方法研究与设计活动有关的各个层面，涉及范围极其广泛，通常可用设计空间来定义设计方法的研究内容和范畴。

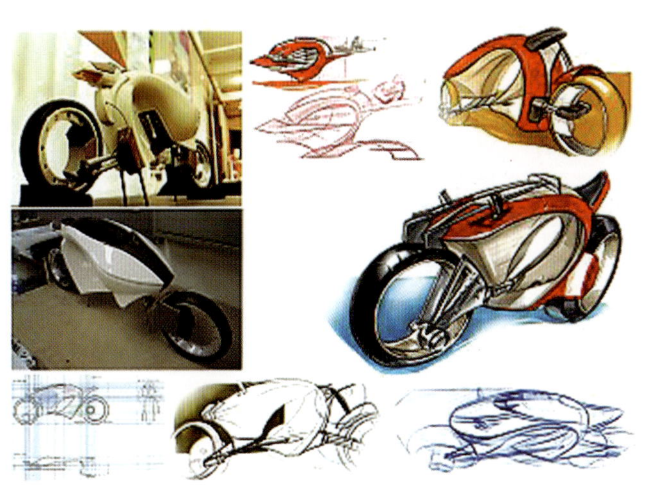

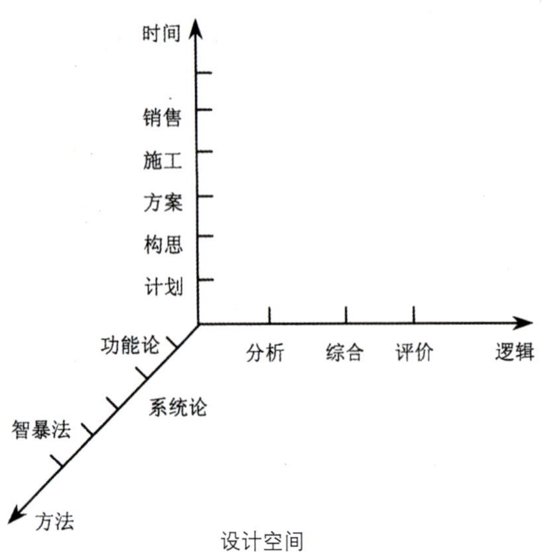

如图所示，由设计思维构成的逻辑维、设计流程构成的时间维和设计方法构成的方法维组成三维的设计空间，设计过程中的每一个行动都对应于设计空间中的一个点，相应的设计方法学也从设计思维、设计流程和设计方法三个方面对设计过程加以指导。

3.2 设计思维

设计过程就是创造过程，而创造过程是设计师通过设计思维应用创造法则的过程，因此设计师应具备利用创造性的思维方法进行创新设计的能力。

3.2.1 创造性思维

1.创造性思维又称变革性思维，是以各种智力和非智力因素为基础，在创造活动中表现出的具有独创性的、产生新成果的高级、复杂的思维活动，是整个创造活动的实质和核心。

创造性思维的过程一般要经过选择、突破和重新建构三个阶段。选择就是通过充分思维，对思维过程中出现的众多设想进行有意识、有目的的舍弃，只有选择符合设计需求的、有价值的、与设计目的相符的设想，避开非本质的、无价值的设想，才能有效地进行创新设计；通过选择得到的设想与现有解决方案相比应具有一定的新颖性，即突破；重新构建的过程，则是利用各种创造法则和技法实现初步设想的过程。

2.创造性思维的形式　创造性思维不是单一的思维形式，而是多种思维形式的协调统一。其具体表现形式包括：

（1）逻辑思维和形象思维　逻辑思维是在认识过程中用反映事物共同属性和本质属性的概念作为基本思维形式，在概念的基础上进行判断、推理，反映现实的一种思维方式。逻辑思维抽取事物的本质属性，具有抽象性的特征。

形象思维是运用过去感知的事物的映象通过想象、联想等进行分析、选择、综合、抽象以形成新的意象的过程，整个思维过程一般不脱离具体的形象，具有直观性的特征。

（2）直觉思维和灵感思维　直觉思维是指以少量的本质性现象为媒介，不经过逻辑推理而直

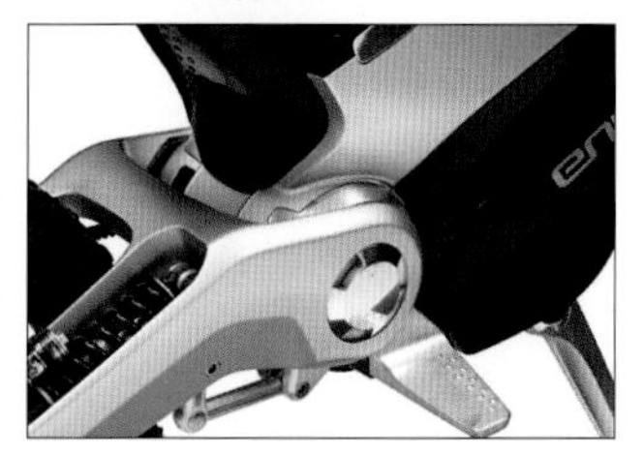

接把握事物本质与规律的思维形式，具有直觉性的特征。

灵感思维是指借助直觉启示而对问题得到突如其来的领悟或理解的一种思维形式，是潜意识中信息在外界因素诱发下突然闪现而表现出的创造能力。灵感的出现具有不确定性，但都有赖于知识经验的积累、良好的精神状态和外界环境，并在长时间、思想高度集中的思考过程中产生。

（3）发散思维和收敛思维　发散思维又称求异思维，是以某一思考对象为出发点，沿着不同方向、多角度多层次向外辐射展开设想，以期获得新的构思和突破的思维形式。发散思维要求充分发挥想象力，突破现有的思维定式，通过知识、观念的重新组合形成具有新意的解决方案。就设计而言，发散思维在提出设计构想和方案设计阶段具有重要的作用，发散的方向侧重于设计对象的用途、结构、功能、形态和相互联系等方面。

收敛思维又称求同思维或定向思维，是以某一思考对象为目标，从不同角度、不同方向将思路指向该对象，以寻找解决问题的最佳答案的思维形式。这种思维形式经常利用已有的知识和经验，通过推理、演绎等方式获得解决方案。就设计而言，收敛思维常用于对发散思维所获得的大量创造性构想进行综合和选择，即以设计对象的设计要求为中心，寻求实现设计目的的最佳方法。

（4）分合思维和逆向思维　分合思维是将思考对象加以分解或合并，以产生新思路、新方案的思维方式。在产品设计中，分合思维是一种较为常用的设计思维形式，通过对形态、功能等要素的分解合并可产生很多新的设计思路。

逆向思维是逆转思维方向，沿着正常考虑问题的相反方向去寻找解决方案的思维形式。在正向思维受阻的情况下，适当应用逆向思维经常可得到“山重水复疑无路，柳暗花明又一村”的效果。

3.2.2 创造法则

设计思维的实质就是创造性思维，在设计过程中除灵活应用各种创造性思维形式外，还应了解和掌握创造的基本规律——创造法则。

1.综合法则　在分析设计对象的各个构成要素的基础上加以综合，融合多学科知识和多种设计技术为一体而产生创新成果的创造法则。它可表现为新技术与传统技术的综合，自然科学与社会科学的综合等。

2.还原法则　排除设计物现有方案、原理和结构的影响，返回设计的初始状态，抽取设计对象的最本质功能，集中研究其实现手段和方法的其他可能性，以获得技术原理完全不同的革新成果。

3.移植法则　运用移植原理，把其他对象的概念、原理和方法应用于设计对象的创造法则，能促进设计对象间的渗透、交叉和综合，使设计在现有材料、技术的基础上获得意想不到的设计效果。

4.对应法则　依据事物间在形态和功能上普遍存在的对应性，运用相似、模拟等师法自然手段获得技术思想、设计原理、外观造型的创造法则。

5.离散法则　将现有设计对象的构成要素、功能或形式予以分离，以产生新的设计概念和构想的创造法则。

6.组合法则　将一种或多种产品的构成要素、技术原理、结构形式等进行适当组合，以形成新方案、新产品的创造法则。组合创造的方法一般有主体添加法、异类组合法、同物组合法及重组等。

7.强化法则　针对现有设计对象的主要功能和技术特点加以突出、强化或扩充，以产生具有量变或质变的革新产品。

8.换元法则　又称替换法则，是将设计对象分解为若干设计要素后，对其中的一个或多个元素的材料、工艺、形态、色彩、原理、结构等使用其他可行方式进行置换而产生新构思的创造法则。

9.逆反法则　反转常规的设计思路，从相反方向考虑设计对象的原理、模式、顺序和因果关系，或在结构、形态上作正反、上下、里外的颠倒处理，以产生新颖而巧妙的设计构思。

3.3 设计流程

3.3.1 设计的思维进程

设计的过程主要是设计师的思维活动过程，因而设计流程必然体现为设计思维的进程。设计思维的进程可分为分析、综合、评价、决策四个部分。

分析：即设计问题的认识和定义阶段，是把设计问题基于系统性的考虑，将设计问题分解为各个要素的阶段，包括开展设计调查、明确设计要求、制订设计规划、收集设计资料等具体环节。

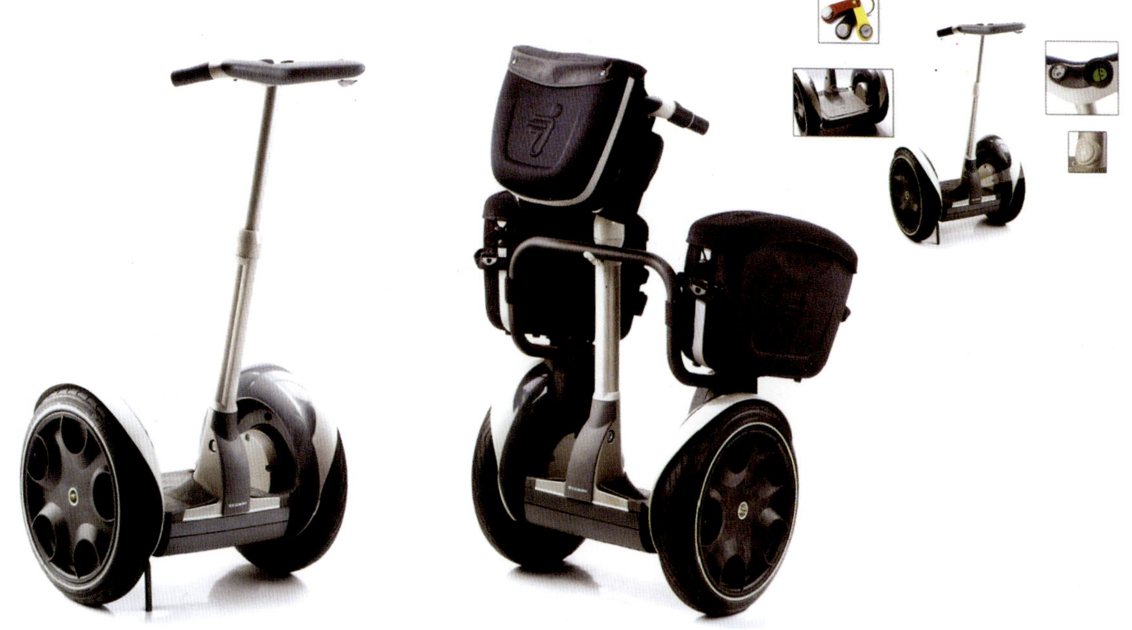

综合：即设计展开阶段，是将分解的各设计要素用新的方式重新组合建构的阶段，包括展开设计构想、综合原理解答方案、转换功能结构等具体环节。

评价：即设计收敛阶段，是对综合阶段形成的各种可行性解决方案进行检验和评估，分析其优缺点，实现设计目标的程度和经济性等，为设计决策提供依据。

决策：即设计决定阶段，是根据使用条件、要求和设计评价的结果，选定最终解决方案的阶段。

3.3.2 设计程序

综合设计程序是有目的实施设计计划的次序和科学的设计方法。它一般划分为五个设计阶段，即设计规划阶段、设计构想阶段、方案设计阶段、深入设计阶段和施工设计阶段。当然这种阶段的划分并不是绝对的，有时各个阶段会相互交错，有时需要重新返回上一阶段，反复循环进行，才能完成整个设计过程。

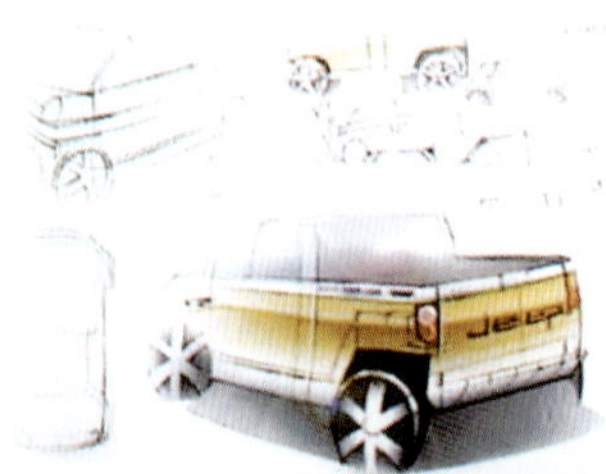

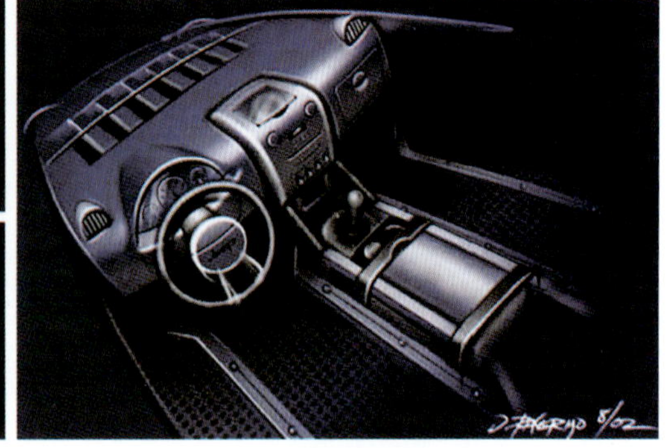

1.设计规划阶段　了解设计对象的用途、功能和造型的要求及使用环境等；调查国内外同类产品或近似产品的功能、结构、外观、价格和销售情况等；收集与设计对象有关的情报资料，掌握其结构和造型的基本特征；分析市场的发展趋势、调查各类顾客和消费者对此类产品的需求及其消费心理、购买的动机和条件等。

这一阶段要进行需求分析、市场预测、可行性分析，确定关键性设计参数及制约条件，最后给出设计要求表，作为设计、评价和决策的依据。设计规划阶段提交的结果包括设计调查报告、资料汇编、设计要求表等。

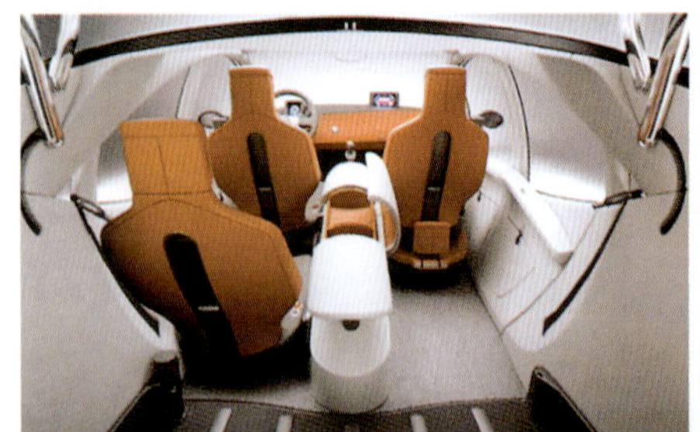

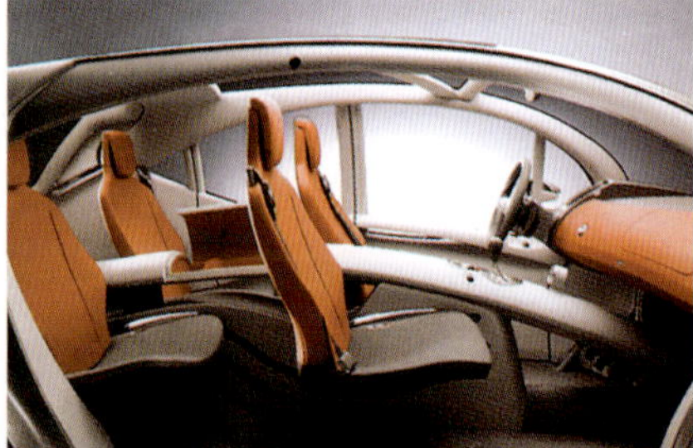

2.设计分析与构想阶段　通过设计准备阶段的调查和设计预测而进入设计初步构想的阶段。这一阶段要依据设计要求对设计对象进行功能、材料和结构分析，分解并明确设计要素(人的要素、技术要素、环境要素等)，针对这些要素运用创造技法展开设计构想。

就产品设计而言，造型设计的构思阶段也由此开始。设计草图是捕捉瞬间即逝的设计构思的最有效手段，也是造型设计师之间沟通创意的设计语言，因此，设计师在这个阶段要把在空间思维过程中产生的模糊“形象”迅速地用草图捕捉下来，并在不断反复的设计过程中使产品形象逐步具体化和清晰化。

（企业名称）		（课题名称）设计要求表　共　页，第　页	
更改日期	要求或希望	设计要求	负责人
		制表：　　日期：	

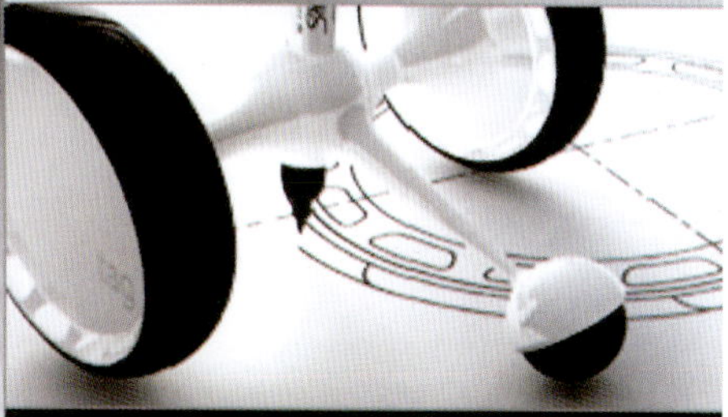

序号	要素名称	简图	功能定义	备注
01				
02				
03				
04				

为寻求突破性的设计方案，设计师应敢于尝试多种方案，并运用草图表达设计构思和基本原理。构思与草图记录相结合的过程，一方面要尽力发掘出富于表现力的艺术形象，另一方面要考虑功能与美观、结构与工艺性、人与机器的配合、质量与经济性、产品与使用环境以及材料的选择等问题。

设计构思阶段提交的结果包括产品功能分析卡片、结构分析卡片、材料分析卡片、设计构想表、设计构思草图等。

工作方式	工作原理及使用环境分析
图示	原理
	优点
	缺点
图示	原理
	优点
	缺点

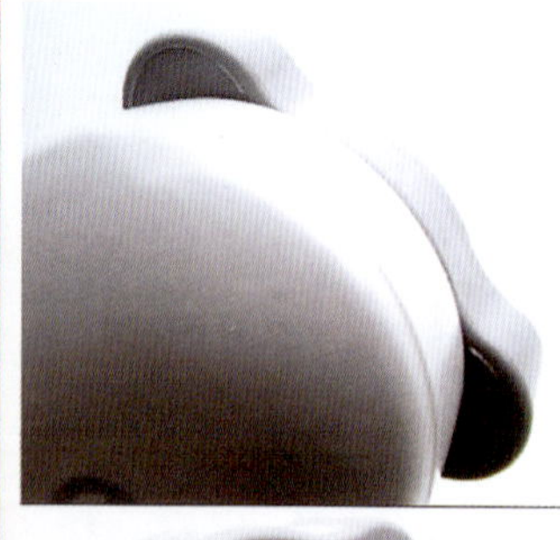

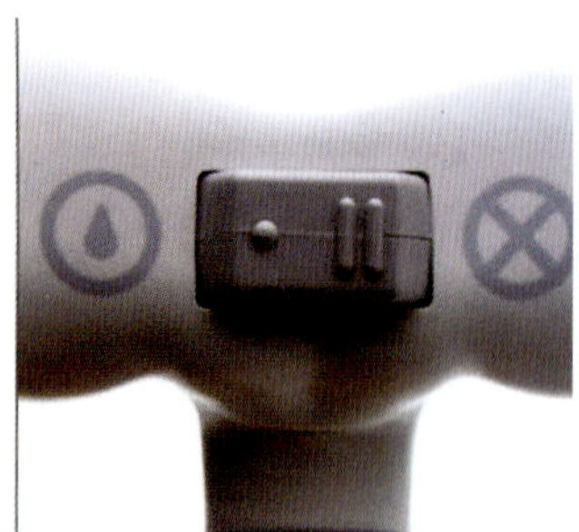

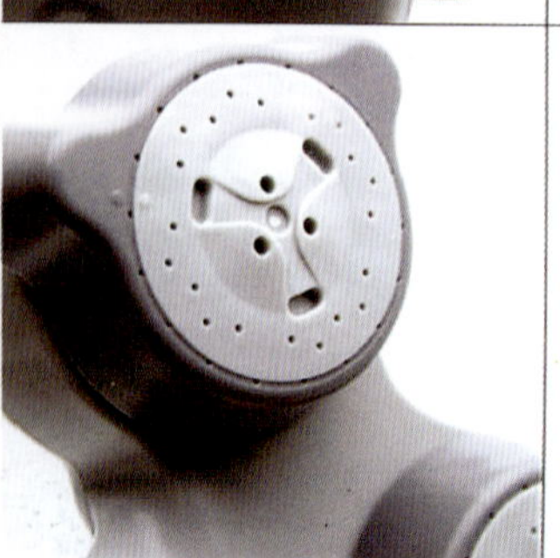

名称	用途	规格	价格	选择	备注备注

3.方案设计阶段　从自然科学原理和技术效应出发，对构思和草图阶段产生的备选方案和设计草图进行评估，通过优化筛选，找出最适宜于实现预定设计目标的原理方案。一般的评估因素有：需求、效用价值、销售诉求（设计物对需求者的解说能力）、开发成本、环保等。

方案设计过程是研究“可能性”与寻找“极限性”的过程，即分析设计工作的一切可能性，然后从无可能性的方案中寻找求得设计的极限性。

图	序号	问题的解决方法
	1	
	2	
	3	
	1	
	2	
	3	

这个阶段要解决外观造型、基本尺寸、表面工艺、材料与色调等基本问题。这是结合人机工程学参数，对功能、艺术、经济性等进行全面权衡的决定性步骤。

方案设计阶段提交的结果，包括有尺寸依据的产品结构的三视图，能表达产品的形态、色彩和质感的设计效果图和设计模型等。

4.深入设计阶段　该阶段是将功能原理方案具体转化为零部件和产品合理结构配置的过程。该阶段要解决产品设计的两个核心问题：一是定型，即确定符合加工工艺性要求的各零件的材料、形态、结构；二是方案，即确定构成产品系统的元件（或部件）的数目及空间配置关系。

就造型设计而言，在该阶段要完成功能结构的整合、造型单元的划分、造型单元的变化和组合等工作。

模型制作是深入设计阶段的重要内容，产品是依照设计物的形态和结构按比例制成的样品，能直观地表现产品造型的空间关系和立体形象。这一阶段通过模型来分析设计物在生产、功能、结构和使用上的合理性，并对设计方案做最后的检验。模型的制作，是对设计图纸的检验，更是对整个构思的检验。它可补充图样在表达上的不足，便于暴露问题、发现问题，以便得到改进。模型制作的过程，是深化构思、完善造型设计的过程，是表达设计意图的重要手段。

深入设计阶段提交的结果，包括产品详细结构图、产品设计模型、样机等。

5.施工设计阶段　施工图设计阶段是方案设计的具体化和标准化的过程。施工图设计需给出全部详细图样，根据技术条件和要求绘制出各种零件图、部件图和总装图。对于表面材料、加工工艺、质感表现、色调处理等都要有说明，必要时还要附有样品。

施工设计阶段的提交结果，包括零件工作图、部件装配图、生产图样、设计说明书、工艺文件和使用说明书等有关技术文件。

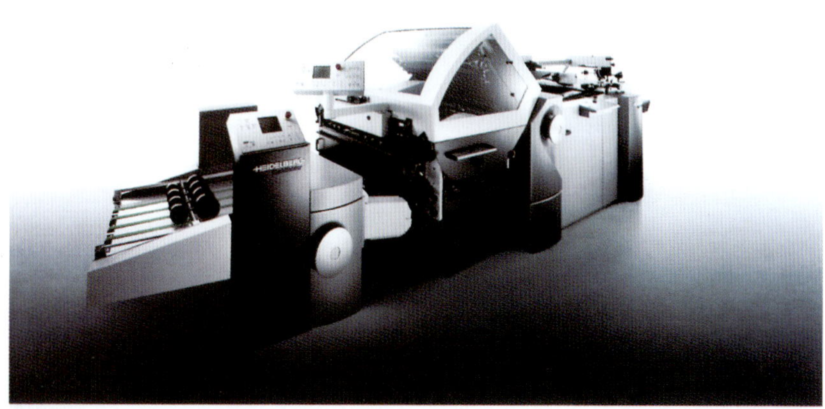

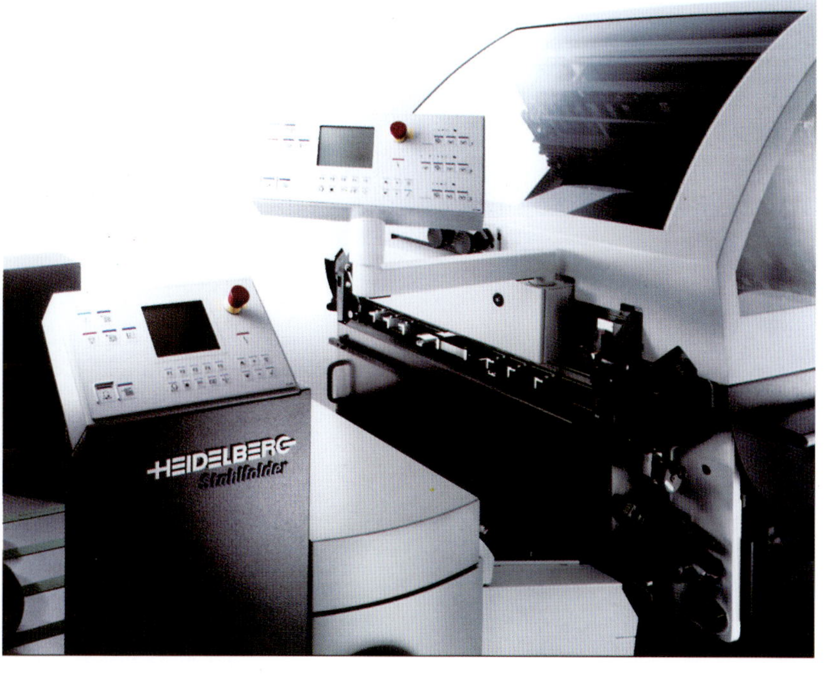

3.4 设计方法

3.4.1 设计调查方法

1．设计调查方法

（1）询问调查法　又称为问卷调查法，是设计师通过询问方式收集设计信息资料的方法。问卷调查的内容涉及消费者对企业产品的实际购买、使用和满意程度，用户对产品设计的意见，用户对产品的改进需求和改变其购买动机的原因等。询问调查法按照调查展开的方式可分为面谈调查、电话调查、信访调查、留置问卷等。

（2）观察调查法　调查者在现场观察、记录用户对某一产品在使用时的评价和意见的调查方法。观察调查的内容，包括顾客行为观察和操作观察等。

（3）实验调查法　是在给定的限制条件下，通过控制某些相关参数，以观察用户反应以及某些市场变量之间因果关系的调查方法。常用的实验调查法是将试制产品交由客户试用，或在小范围内试销，了解顾客和市场的反应，经分析研究后作出改进设计。

（4）抽样调查法　是按照一定的规则，从被调查的对象总体中，抽取部分具有代表性的对象作为样本进行调查，并通过样本的调查结果推断总体性质的调查方法。抽样调查根据抽样方法和抽样规则的不同可分为随机抽样、等距抽样和非随机抽样等。

2．问卷设计技术　问卷调查是使用最广泛的设计调查方法之一，问卷内容设计得好坏直接关系到调查资料的有效性、可靠性和准确性，以下是在问卷设计中经常采用的技术。

(1) 二项选择法　又称是非法，让调查对象在“是”与“非”、“好”与“坏”等对立选项中加以选择。这种方法能得到明确的答案，但不能表现出程度的差别。

(2) 多项选择法　调查者预先提供多项备选答案，让调查对象选择一项或多项的方法。这种方法能克服二项选择法的强制选择的缺点，但拟定问卷时应将备选答案控制在10项以内。

(3) 自由回答法　调查者只提出预先拟定的调查问题，不给出备选答案，调查对象不受任何限制，可自由表述意见。这种方法能获得意外的建设性意见，但统计和分析较为困难。

(4) 顺位法　在若干可供选择的项目中，让调查对象按重要程度进行排序。拟定问卷时要顺位的项目应控制在10项以内。

(5) 图解评价法　将某一调查项目按照程度划分为以数字标示的若干等级，让调查对象选取一个数值以对评价目标进行定量分析。

(6) 项目核对法　使用多个项目的图解评价法，列出产品的各种特征，征询调查对象的意见。

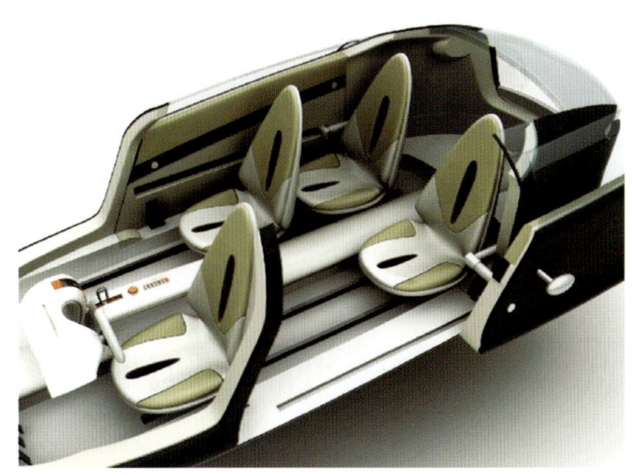

3.4.2 设计分析方法

1．功能分析法　是基于设计对象中普遍存在的功能系统和结构系统的对应关系，把设计对象视为一个技术系统，用抽象的方法分析其总功能，并把总功能按照目的—手段关系分解为低一级的分功能，进而寻求实现各分功能的技术物理效应。在此基础上，利用功能技术矩阵进行原理方案的组合以形成设计构想的分析方法。功能分析法包括功能定义、功能分类、功能整理三个基本程序。

（1）功能定义　是指对设计对象及其组成部分的功能做出明确表述，以根据使用要求确定产品的必要功能，其目的在于揭示隐藏在产品及其结构背后的功能。

功能定义一般采用“动词+名词”的方式来表述，动词用于说明实现功能的方法和手段，名词用于说明功能的大致属性。如洗衣机的功能可定义为洗净衣物等。功能定义应具有适当的抽象性，避免在功能定义中过早涉及有关实现功能的技术途径的描述。

（2）功能分类　现代设计对象的功能日趋复杂，为确定功能的性质和重要程度，应对产品具有的多种功能进行分类和重要性排序，以区分产品的主要功能和辅助功能等。产品的功能可按以下方式分类：

①基本功能和辅助功能　按照设计对象功能的重要程度，可分为基本功能和辅助功能，前者是实现设计目的和效能必不可少的功能，后者是为了更好实现基本功能而添加的次要的、辅助性的功能。

②物质功能和精神功能　按照功能的性质可分为

metaflo = hybrid lounge<->couch

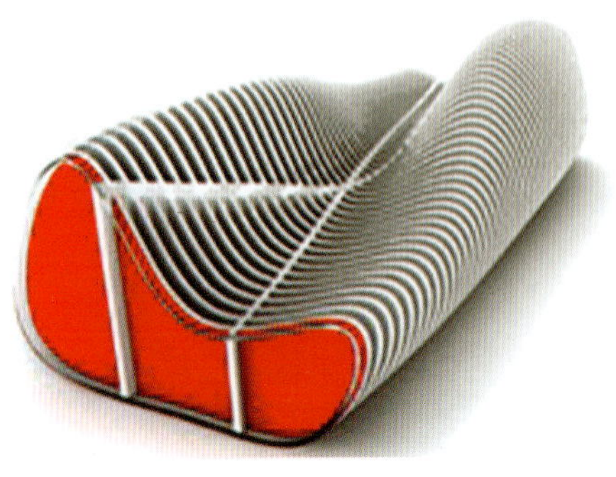

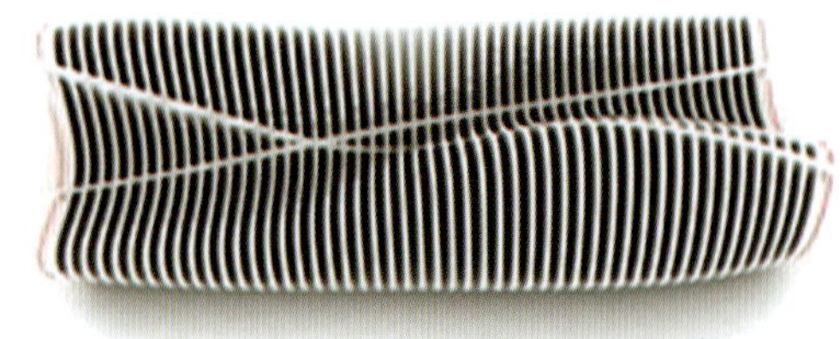

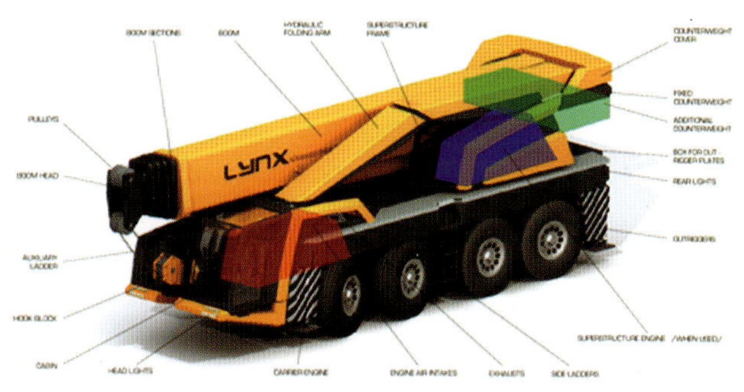

物质功能和精神功能，前者是指设计对象的实际用途和使用价值，后者是指产品通过外观形态或设计理念而产生的审美、象征、引导生活潮流等社会功能。

③必要功能和不必要功能　用户需要并乐于接受的功能即为必要功能，用户不需要的功能称为不必要功能。

④目的功能和手段功能　按照产品功能的内在联系，可分为目的功能和手段功能(又称上位功能和下位功能），前者是指用于表述设计目的的功能，后者是指对实现目的的功能起手段作用的功能。产品中目的和手段功能具有相对性，每一功能都有其服务的目的功能，也都有用于实现其自身的手段功能。

（3）功能整理　功能整理是把设计对象视为一个功能系统，分析其各种功能之间的逻辑关系，并用图示方法表达产品功能系统的过程。其主要目的就是明确产品的基本功能和辅助功能，分析功能之间的目的和手段关系，发掘产品的精神功能，保证设计对象的必要功能，排除产品的不必要功能。

产品具有的各种功能从逻辑关系上分析，可分为上下关系和并列关系两种。上下关系是指功能之间的目的和手段关系，体现的是功能之间的层级关系，若功能B是为实现功能A

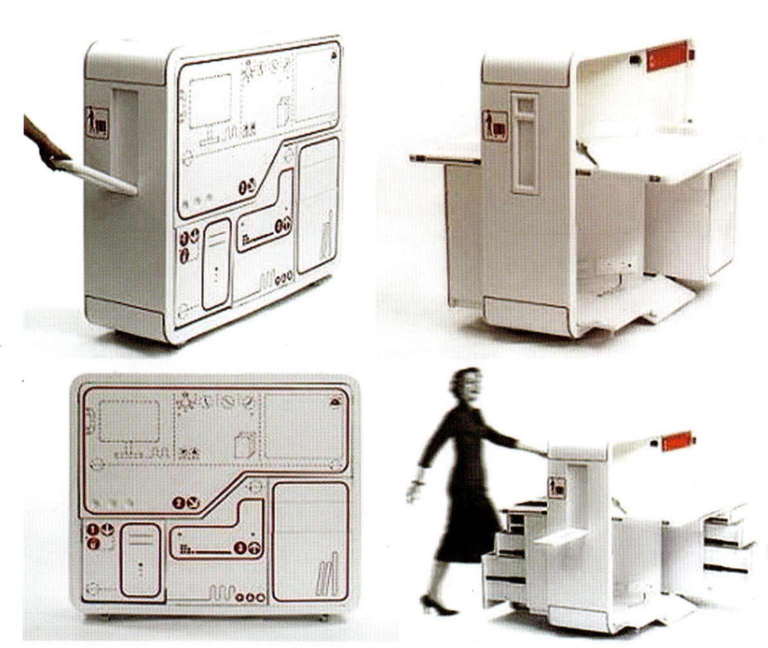

服务的，则功能A称为功能B的上位功能，功能B称为功能A的手段功能。并列关系是指功能之间的平行关系，在功能系统中，若一个复杂的目的功能有多个为之服务的手段功能，则这些手段功能之间具有的关系即为并列关系，具有并列关系的功能组成一个独立的功能领域服务于一个特定的目的功能。

将产品的各种功能进行定义和分类后，可按照上下和并列关系对产品功能加以整理，得到产品的逻辑功能体系，如果把这种逻辑关系使用图示的方法表达出来，就形成产品功能系统图，可依此作为产品方案设计的出发点。

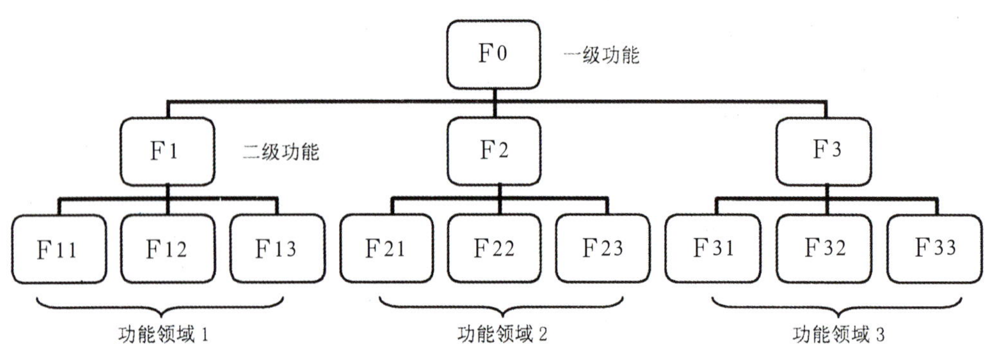

产品功能系统图

（4）功能分析的基本步骤　即编制功能卡片；按基本功能和辅助功能将功能分成两组；针对两组功能，分析各功能之间的逻辑(上下、并列)关系；绘制功能系统图。

2.价值分析法　价值分析法又称价值工程，是美国通用电气公司首先发明和应用的设计分析方法。其实质是功能价值分析，即对产品功能和实现功能所需费用之间关系的分析，目标是用最低成本实现用户所需的必要功能。功能价值工程中，产品的价值是指产品所具有的功能和取得该功能所需成本的比值，即

$$V=F/C$$

式中　V——产品的价值；

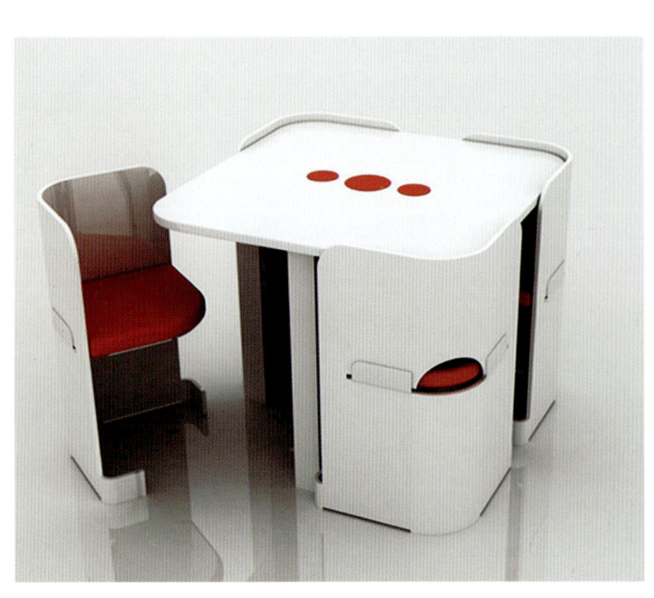

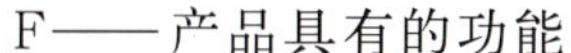

F——产品具有的功能；

C——取得产品功能所需的成本。

产品的价值V可作为衡量功能与成本关系是否适当的标准。当V=1时，表示以最低成本实现了产品的必要功能；当V<1时，表示实现相应的功能付出了较大或过大的成本，应通过设计加以改进。

根据产品价值公式，产品的价值受F与C变化的综合影响，提高产品的价值不应单纯考虑增加产品的功能，或单纯降低产品的成本，而是应将产品的功能与成本作为一个系统统筹考虑，使二者获得一个最佳的平衡点，如在设计中可考虑使产品功能略有减弱，但成本大幅降低的改进方案等。

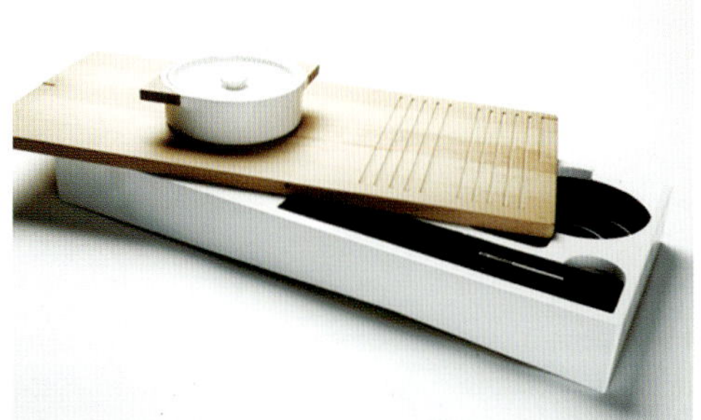

提高产品价值的途径

序号	类型	变形
1	$\frac{F\uparrow}{C\rightarrow}=V\uparrow$	$\frac{F\uparrow\uparrow}{C\rightarrow}=V\uparrow\uparrow$
2	$\frac{F\rightarrow}{C\downarrow}=V\uparrow$	$\frac{F\rightarrow}{C\downarrow\downarrow}=V\uparrow\uparrow$
3	$\frac{F\uparrow}{C\downarrow}=V\uparrow$	$\frac{F\uparrow\uparrow}{C\downarrow}=V\uparrow\uparrow$
4	$\frac{F\uparrow\uparrow}{C\uparrow}=V\uparrow$	$\frac{F\uparrow\uparrow}{C\downarrow\downarrow}=V\uparrow\uparrow\uparrow$
5	$\frac{F\downarrow}{C\downarrow\downarrow}=V\uparrow$	

注：↑表示增加，↑↑表示大幅增加，↑↑↑表示极大增加；
→表示不变；↓表示降低，↓↓表示大幅降低。

3.相关表法　是以明确设计问题中各构成要素相互关系为目的的设计分析方法。该方法将设计对象置于人、机器和环境构成的适应性系统当中，不单纯考虑设计对象自身的设计，而是从整个系统的意图、目的、外在环境和内在结构等要素间的相互关系出发，寻求实现人、机—环境整体协调的设计构想。

相关表法首先对设计问题进行分解，一般按照人的要素、机器要素、环境要素分为三类，每一类再细分为若干要素，然后针对每一要素分析其与其他要素的相关性，按照最重要的关系、希望产生的关系和无关系分为三类，并用相关表的方式直观地表达出元素间的相互关系，从中寻找出设计系统中具有最多相关性的关键因素。

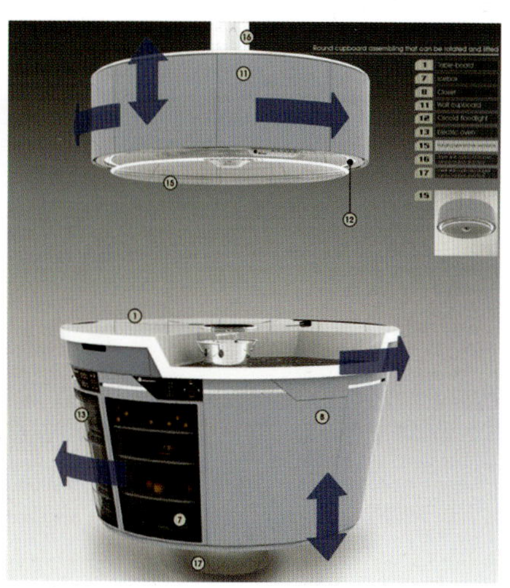

4.因果分析法　是用因果分析图表达设计要素的因果关系，从而揭示设计要点的设计分析方法。该方法着重对问题的结果及其产生影响的原因进行分析，由此寻找解决设计问题的关键。

因果分析图又称为“鱼骨图”。图中箭头顶端表示设计问题的要点，鱼骨是指用因果分析图可依次系统而全面分析出影响设计结果的原因，并易于找到改进的原因。

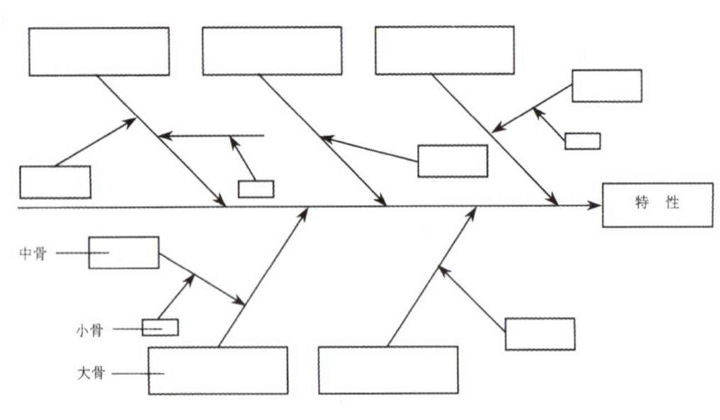

因果分析图（鱼骨图）

5.属性列举法　是通过遍历设计对象相关之属性，进而探求改进方向的设计分析方法。这种方法首先将设计物的各种特性或属性分门别类地列举出来，然后针对其中一种或多种属性进行置换，由此获得具有独创性的设计构想。

为方便对设计对象特性的把握，属性列举法将设计物的属性划分为三个方面：属性名词属性：包括整体(产品)、部分(零件、部件等)、材料、工艺等。

动词属性　主要指产品功能。

形容词属性　主要指产品性质。

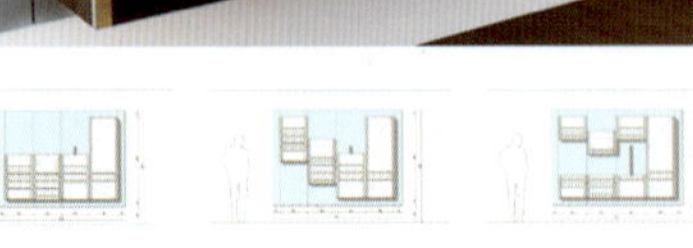

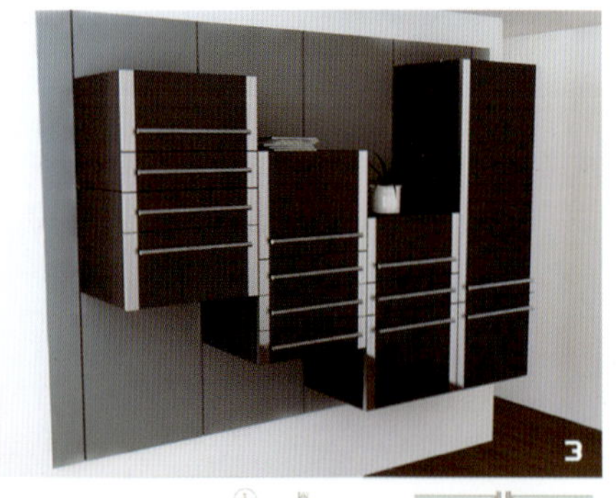

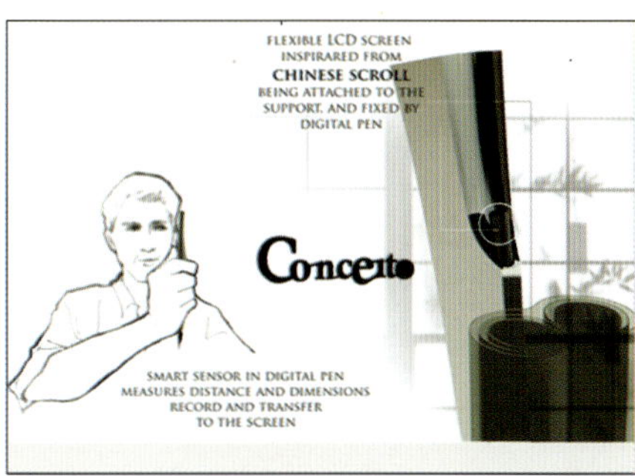

6.缺点列举法　是从改进设计的直接诱因出发，通过分析现有产品的缺陷或不足寻求产品改进方向的设计分析方法。首先将设计问题分解为若干层次，然后具体寻找每个层次中的缺点，加以编号并做书面记录，再对列举的所有缺点进行排序，确定主要缺点，并以此作为设计改进的主要方向。

7.希望点列举法　常用于对功能和技术已经较为成熟的产品进行改型或换代的设计，是通过对现有产品提出新的希望或理想进而探求解决新的设计问题和改善设计对策的分析技法。希望点列举法的程序基本与缺点列举法相同，但与缺点列举法相比较而言，希望点列举法的发散思考不囿于现有的设计原型，因而这种分析方法往往可引发出新的创造性的设想和极具市场开发价值的前瞻性设计。

8.投入产出法　又称为输入输出法，是将设计对象看做结构未知的黑箱系统，首先确定系统所期望的输出(目标状态)和输入(初始状态)，然后利用智力激励法等设计构想方法来寻求能实现输入输出关系的解决方案的设计分析方法。投入产出法包括输入、输出和限制条件三个基本要素，其中限制条件是设计的约束条件(如成本、工艺要求等)。该方法最适宜具有能量的机械装置的设计分析。

3.4.3 设计构想方法

1．自由联想法

（1）智力激励法　又称奥斯本智暴法、头脑风暴法等，是一种多人参与以激发群体智慧的设计构想方法。其基本思想是通过组织由设计相关人员参加的小型会议，使与会人员围绕设计问题展开自由设想并相互启发、激励，引发创造性思维的连锁反应，从而获得大量有价值的初选方案。与会者一般10～12人，其中会议主持人一名，记录员一名，与会者半数应由对设计问题具有关联知识和经验的专家构成。会议的时间根据设计问题的复杂程度，一般在15～60min。

智暴法的效果取决于自由发想的广度、深度以及参与人员的智力共振，为营造自由发表独创见解的融洽氛围，智力激励法制订了如下规则：

①严禁批判——不允许批判其他与会者所提出的设想。

②自由奔放——废除一切权威和固定概念，鼓励自由思考，设想新异。

③追求数量——强调发散思维的广度，以量变求得质变。

④思维共振——提倡补充、结合和改进他人设想。

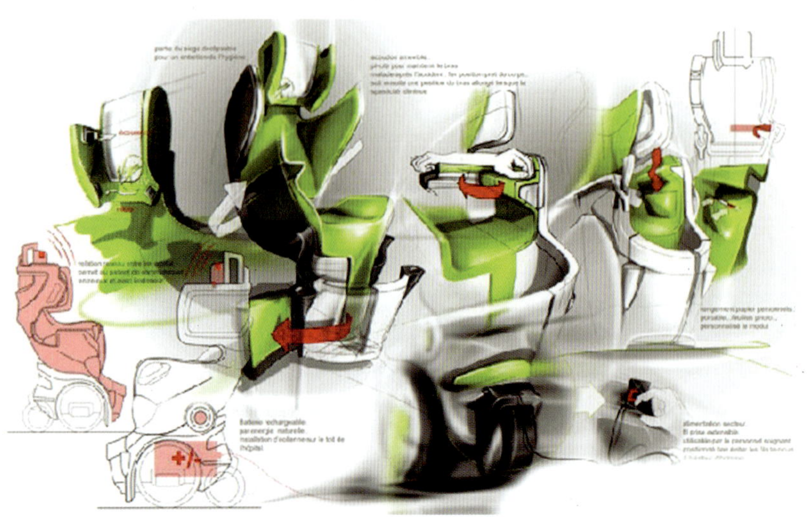

（2）戈登法　是智力激励法最主要的变种技法，其方法和程序与后者大致相同，最大的区别在于问题提出方法的不同。智暴法在会议开始时就明确提出设计问题，而戈登法在会议开始时以从设计问题中概括出的更为抽象的议题作为讨论的中心，当设想达到一定的广度和深度时，主持人才明确真正的设计问题。例如对于洗衣机的设计问题，戈登法仅提出类似“流动”或“分离”这样的抽象概念。同智暴法相比，这种方法能避免与会人员对设计问题先入为主的惯性思维模式，更易产生具有独创性的设想。

（3）635法　是常用的激发群体智慧的设计构想方法。这种方法要求由6人参加，每人以5min为限提出3个设想，因此称为635法。635法强制在规定时间进行思考，并以书面方式传递设想相互启发，因而能获得更高的效率和更好的效果。

635法的基本程序为：

①与会者6人，每人面前放置设想卡片。

②每个与会人员根据设计主题在卡片上填写3个设想，要求在5min内完成。

③将填写后的卡片依次传递给其他人员，填写3个设想。

④每隔5min循环进行，30min为一循环，共传递卡片6次，可得到108个设想。

2.强制联想法

（1）焦点法　是以特定的设计结果为思考的焦点，不受限制地进行发散联想，然后强制性地把选定的联想要素与设计问题相结合，以产生新的构思的设计构想方法。焦点法使用时首先明确作为焦点的设计结果，然后任意选择可能作为设计出发点的线索，通过强制联想使该线索与设计结果发生联系，若线索与设计结果差距较大，可进一步进行自由联想，再使之与设计结果产生关联，最后用表格归纳出构想结果。以设计照明器具的功能为例，首先进行任意发想，如联想到磁铁、睡眠等，从磁铁这一线索出发，强制建立与照明器具的关联，可考虑在灯具上安装磁铁以提供吸附其他用品的功能；从睡眠这一线索出发，可考虑具有自动关闭或休眠功能的灯具设计。

（2）目录法　目录是指具有丰富图片信息的设计资料，如各类产品目录、图鉴、年鉴等。目录法是在考虑某一设计问题的解决方案时，一边翻阅由设计资料整理得到的目录或图片，一边将偶然出现的视觉信息与正在考虑的设计主题强制性地联系起来思考，从中获得设计启发和灵感的设计构想方法。

（3）信息交合法　是对产品整体进行分解，按序列得到信息要素，一直分到所需层次为止。然后把这些信息要素交合，包括产品本身要素的“本体交合”和同产品外信息的大范围“边缘交合”。在进行上述分解组合后即可产生出数目众多的设计构思。再根据实用性、经济性和市场可接受性等筛选，选出具有可行性的设计方案。例如，设计杯子，可对杯子的功能和温度交合，在杯子上加数字刻度、加温度计，制成“温度杯”。

3.设问构想法

（1）奥斯本设问法　即奥斯本检核表法，是通过将设计的若干要点编制成检核表，并通过书面或口头形式提出设计问题而引发设计构想的方

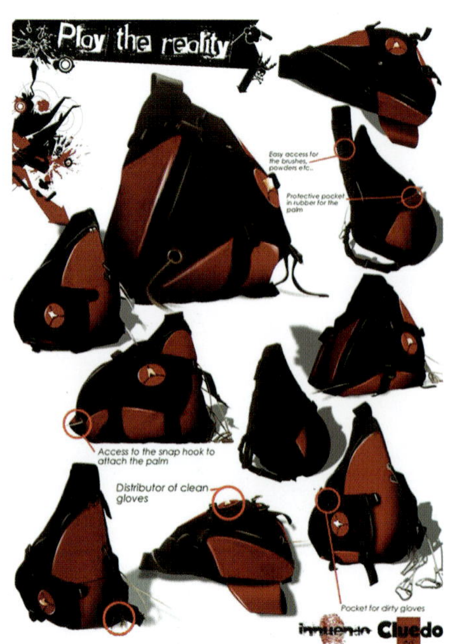

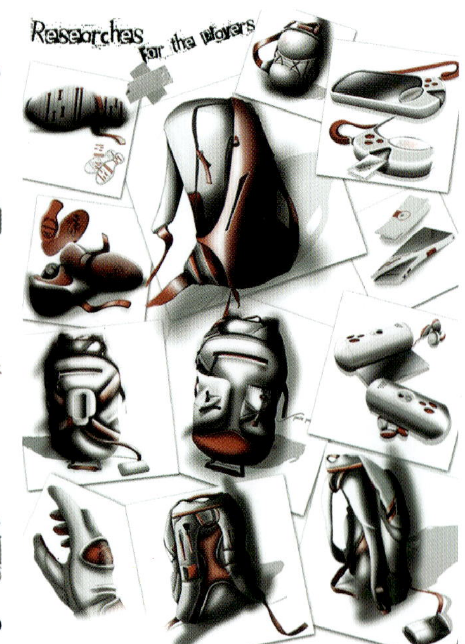

法。其检核问题主要包括：

①放大　能否对现有设计加以扩充以改变其性能或用途？如增加更长的作用时间，更多的作用次数，加高、加长、加厚等。

②缩小　能否对现有设计进行精简以改变其性能或用途？如变小、变低、变薄、浓缩、省略、分割等。

③转换　现有设计能否转化做其他用途？其他设计能否转化为现有设计的用途？

④颠倒　现有设计的结构和配置能否做上下、正反、里外、前后等的颠倒？

⑤改变　能否改变现有设计的形态、色彩、材质、结构等？能否局部改变？

⑥代替　是否有其他对象能代替当前的设计对象？或代替其中的一个部分、成分、过程等？

⑦引申　是否有和设计对象相关联的其他对象？能否将其他对象引入设计对象中，或做相反的引申？

⑧变换　能否变化设计对象的作用原理？构件能否更换顺序？能否变换作用模式、序列、布置形式、因果关系等？

⑨组合　能否进行功能组合、目的组合、构想合并、编组构想、原料组合？

（2）5W2H法　是以七个英文单词作为设问内容的设计构想方法。通过这种方法能明确设计问题的目标、理由、时间、人员、方向和途径等重要信息。5W即What、Why、Where、When、Who，2H即How、How much，因此称为5W2H法。

5W2H法的设问内容及其对应目的表

5W2H	设问内容	设问目的
Why	为何进行设计	明确设计理由
What	设计对象是什么	明确设计目标
Where	从哪些地方着手设计	明确设计方向
When	什么时候进行设计	明确设计时间
Who	组织哪些人承担设计	明确设计人员
How	设计过程怎样实施	明确设计方法和程序
How Much	设计需要达到何种程度	明确设计要求

4.类比构想法

（1）综摄法　又称提喻法，是运用对应法则进行类比联想的典型设计构想方法。综摄是指将表面上看来不同而实际上存在内在关联的要素结合起来。这种设计技法重在探索事物本质上的相似因素，按照类比形式的不同可分为四种类型：

①拟人类比　使设计问题的要素人格化、拟人化，即以扮演角色的方式体察事物反应的方法。

②象征类比　使设计问题的关键尽量简化，以从中抽象出熟悉的设计模型的方法。

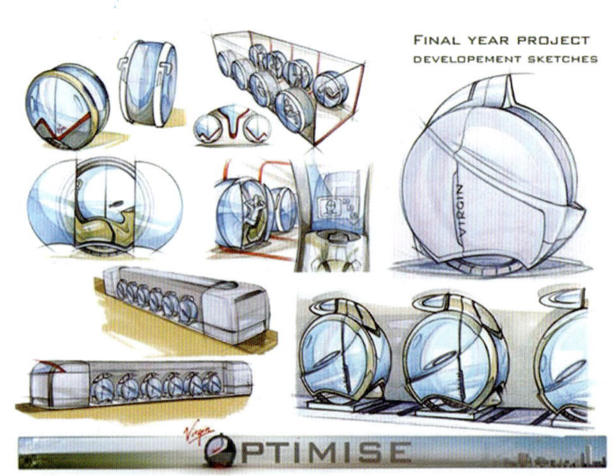

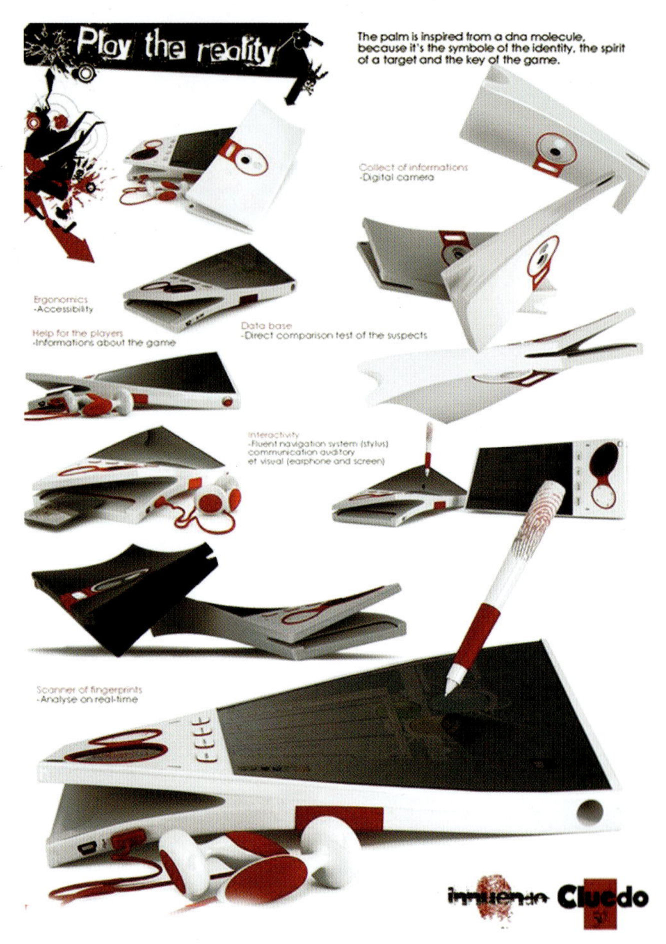

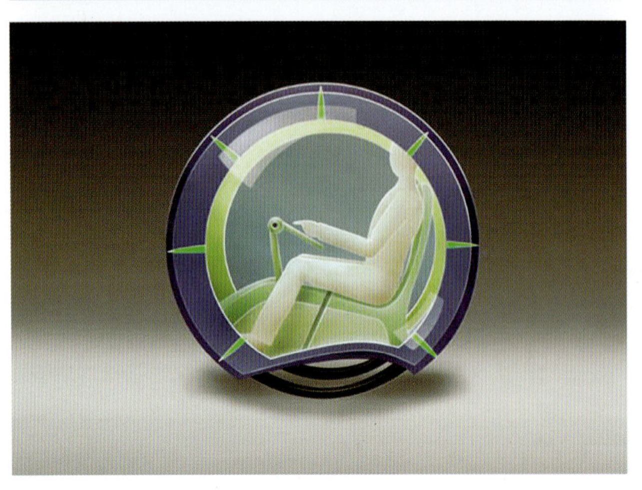

③直接类比　从自然界中直接寻找具有相似性的启发物，通过模拟获得设计构思的方法。

④空想类比　将各种看似不合理、不可行的类比联想变为现实的开发构想的方法。

（2）仿生设计法　是模仿生物系统的原理建造技术系统，从生物界中获取有关功能、结构、造型形态等方面设计灵感和构思的方法。仿生设计首先是从对生物系统的研究中发现其与设计对象类似的特性（造型、色彩、图案、动作、能量、速度、结构等），从中抽象出技术或形态的模型；然后再通过模仿或模拟的手段实现产品所需的这些特性。这些模型不仅包括直接仿制生物体的物理模型，还包括通过计算机和数学手段建立的抽象模型。

就产品造型设计而言，从仿生形态中获取设计灵感的经典作品很多。利用仿生设计法进行造型设计时，既可采用直感象征手法，也可采用含蓄、隐喻的手法，前者直观具象、富有感染力，后者形态概念隐而不显，更富视觉趣味。

3.4.4 设计评价方法

1. 简单评价法

（1）排队法　设计评价时不考虑方案细节而仅作综合评价，将多个设计方案进行两两比较，按优劣程度进行评分，优者计1分，劣者计0分，总分最高者为最优方案。这种方法简便易行，适用于方案数目不多、设计问题较为简单的设计评价。

（2）点评价法　对于多目标评价，考虑到设计方案在不同的评价项目上可能存在相互交叉的情况，设计评价时对各比较方案依据确定的多个评价目标逐项评价，并使用规定符号表示评价结果的设计评价方法。该方法常用于对较为复杂的设计问题进行粗略评价。

点评价法

评价目标	待评方案1	待评方案2	待评方案3
满足功能要求	+	+	+
满足工艺要求	+	−	+
经济性良好	−	−	+
使用维护方便	+	?	+
满足人机工程学指标	+	+	−
满足外观质量要求	+	−	+
满足环保要求	−	+	+
总评	5+	?	6+
结论：方案3为最佳方案			

注：“+”表示优；“?”表示评论结果不明确；“−”表示差。

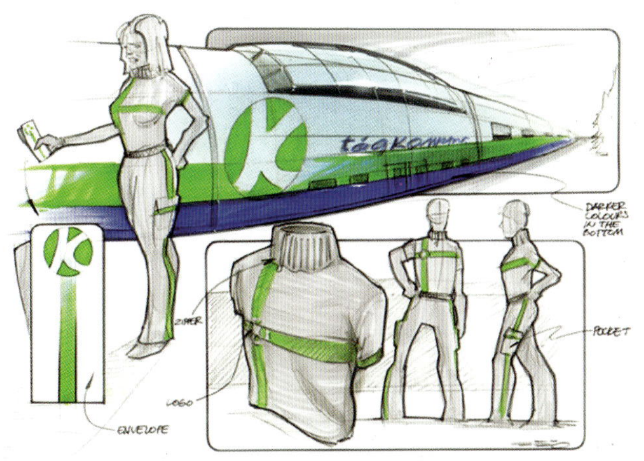

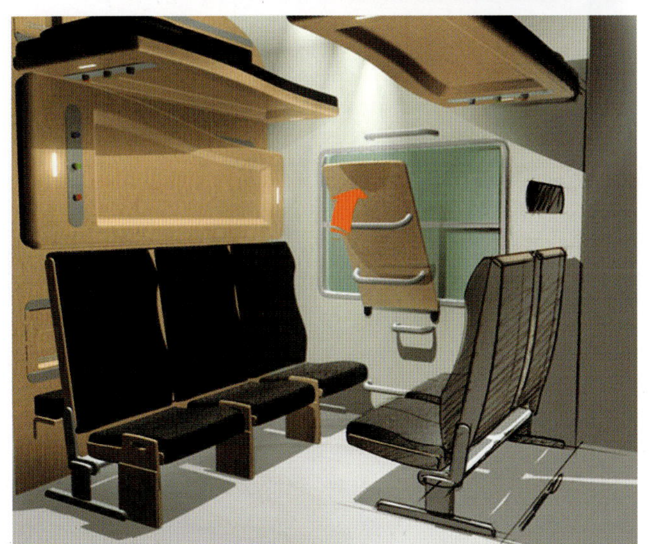

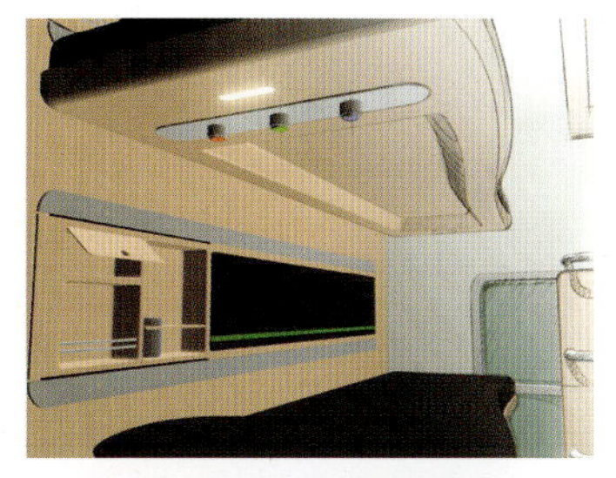

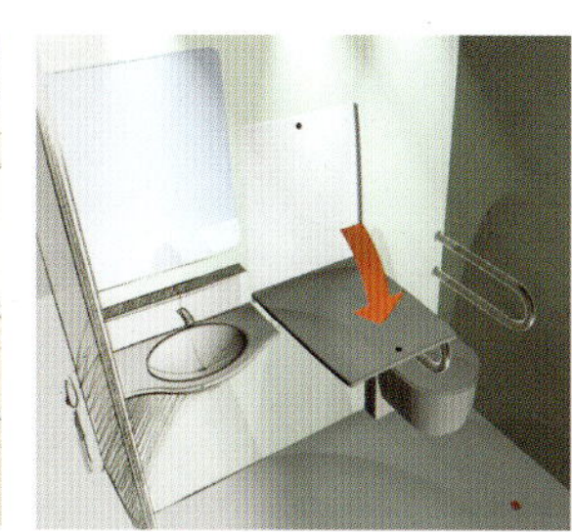

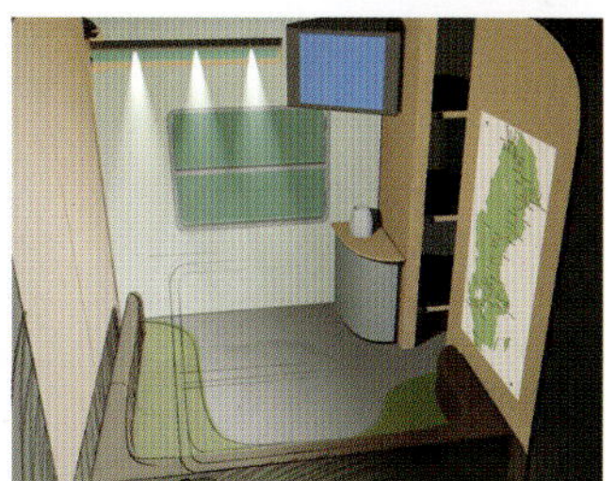

2.评分法　针对设计评价目标，确立定量的评分标准，分别就各评价目标对设计方案进行评分，最后通过数理统计法求得各方案在所有评价目标上的总分，并据此做出设计决策的方法。在多目标的设计评价中，为反映设计评价目标的重要性程度，常采用加权系数作为衡量目标重要性的定量参数，以提高设计评价的精确性。这种方法一般用于评价目标明确、要求作定量精确评定的设计项目。

3.模糊评价法　设计评价中存在许多无法做精确定量描述的评价指标，如产品的外观造型、宜人性等感性和主观性较强的指标，使用一般的定量分析方法难以评价。模糊评价法是在设计评价中引入模糊数学的概念和分析方法，应用模糊矩阵将模糊信息定量化，大大提高了设计评价的准确度和适用性。

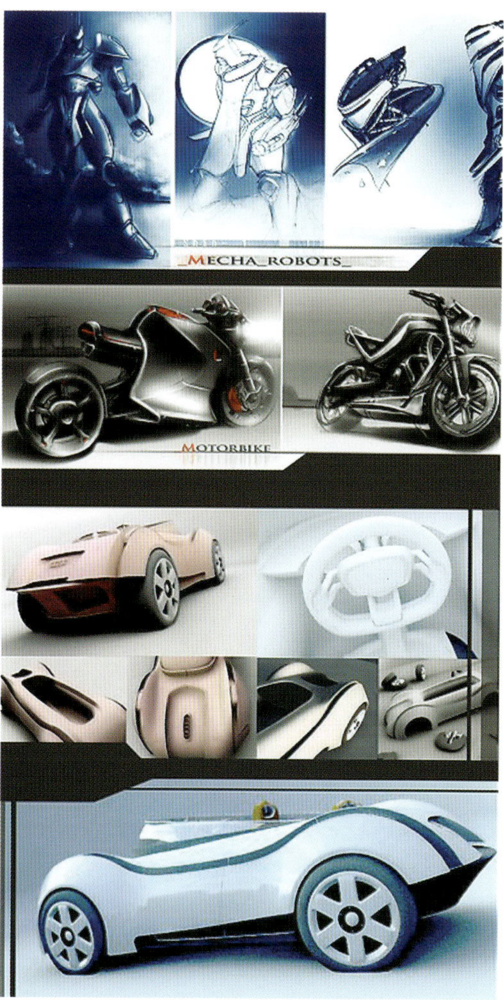

第4章　解决问题为中心的产品造型设计

工业设计创新的核心是解决产品存在的问题，技术创新的核心是提高产品的物理效能，例如，对发动机燃油系统的创新，可以提高发动机的燃油效率。虽然这一技术创新的结果的应用也是解决人们生活中的问题，工业设计更强调这一应用的过程，更直接地指向创新的最终目标——解决生活中存在的问题。

人们生活中每时每刻都会碰到各种各样的问题，这些问题有大有小，种类繁多，有的问题很具有普遍性，有的问题则比较个人化，每一项创新都是为了解决那些具有普遍性的问题。如果将这些问题归纳起来，可以分成两大类：不满导向的问题；不解导向的问题。如果将这两类问题进行分析研究，找出问题存在的主要原因和症结，就可以将这两类问题都转化为——任务导向的问题，最终通过对任务的执行，实现问题的解决。

4.1 问题解决的定义

利用已经获得的知识和思路去解决问题而不能达到其目标时，应找出解决问题的方法，以便能缩小现状（初始状态）与目标（理想状态）之间的距离，这就叫做问题解决，也可以说是思考过程的外部表现。把所要解决的问题分成若干项，如果完成了每一项，整个问题就容易解决了。

4.1.1 提出问题

对设计创新产品问题的提出和发现，是设计创新的关键。市场需求研究的目的是找到产品的目标用户，从目标用户的性别、年龄层、教育程度、职业特点等方面进行研究，从宏观的统计数据中找出用户的需求。用户调研则是以观察、情景分析个性化的方法，作为研究目标用户群众的典型代表，从而找出他们生活中存在的问题、对某类产品的需求和期望。通过前述几项研究，基本可以找出所要解决的问题，然后，对这些问题进行评估，找出最关键的问题，针对关键问题，可以提出有创新价值的产品概念，并可确信，这样的产品概念有较好的市场前景。

例如，英国皇家工业设计师Alan Tay先生是一位专门从事建筑五金件设计的专家。他通过对生活的观察，发现夜间有看不清门把手的问题，然后提出了“在没有灯光的情况下也可以使用的门把手”这一设计概念，最后，通过方案的构想、方案的评价，最后设计了一种表面涂以高分子发光材料的门把手，在有光的情况下，这种门把手与普通的门把手没什么区别，但在无光的情况下，门把手的自发光可以保证使用者的准确使用。

4.1.2 分析问题

分析问题是为了搞清问题的实质，明晰问题产生的原因和解决问题构成的要素，然后寻求问题的解决方法即提出产品概念。这一产品概念仅仅是可以用文字描述的，并且是在现实的技术条件下基本可行的，但此时的产品概念在很多方面还是模糊的，有待进一步地明晰和完善。

例如，有的设计师通过观察人们使用电话的过程，发现有部分用户（主要是秘书或销售人员）在用电话时，用头和肩将电话听筒夹住，然后腾出手来，做记录或整理文件。

问题分析：

问题： 用户用头和肩将电话听筒夹住	→	问题的原因： 需要腾出两只手来，方便边接听电话边工作	→	产品概念提出： 需要时，可以佩带于身体的其他部位，而将用户的手腾出来的电话

4.2 以解决问题为中心的设计方法

问题提出了，初步的产品概念也形成了，设计创新中最重要的环节是提出具体的解决方案。在这个过程中，需要启动设计师和全体产品开发人员的智慧，运用科学的设计方法，提出尽可能多的解决方案，因为问题的求解不是唯一的，而是多向的，提出多个解决方案的优势在于以应用优选法，评估出最好的方案。

4.2.1 运用定向思维的设计方法

定向思维有明确的目标，对这个目标进行一系列方案的尝试，最终找出解决问题的方案。例如，Sony的创始人之一井深大先生，是个高尔夫球迷和音乐迷，他梦想打高尔夫球时可以听音乐，将这一梦想设定为解决问题的最终目标，经过苦心研究，设计发明了随身听产品，实现了定向思维的问题之解决。

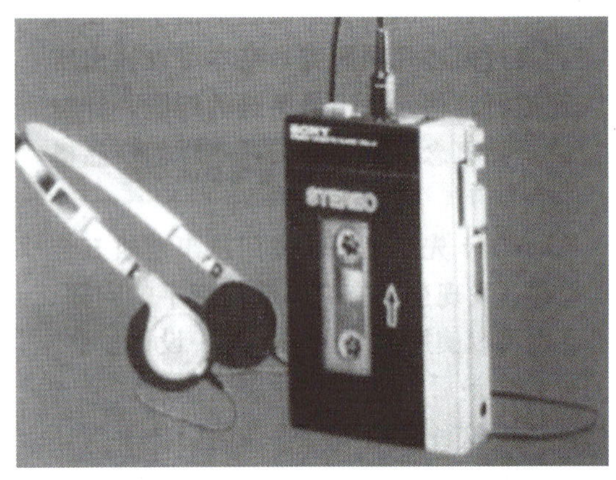

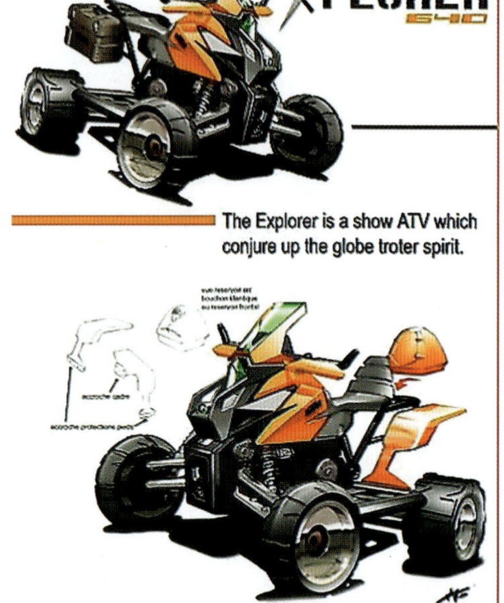

4.2.2 头脑风暴讨论法

这一方法的理论基础来自创造性思维，被称为集体创造性思考，这是由奥斯波恩发明的一种方法，该方法有四条规则：

（1）对产生的想象不做好坏的判断；

（2）最好想象是自由奔放的；

（3）尽可能大量地进行想象；

（4）产生想象的同时，要根据别人的见解加以修正，并进行若干组合，进而使想象更加完好。

头脑风暴讨论法无论是在实际的新产品开发项目组中，还是在设计课程教学过程中，都是要经常应用的方法，这种方法的应用最能激发集体的智慧，在较短的时间内获得较大的收获。好的头脑风暴讨论会，是从对问题的精炼陈述开始讨论，如果能就问题的特征作一个非常清晰的描述，会议将有一个更好的起点，会更容易把大家带到主题上来。例如："防止咖啡溅出的咖啡杯盖子"，可能会是一个较差的集体讨论主题。因为它太狭隘了，而且暗示已经知道了答案。另一个主题"自行车水杯支撑物"，则太枯燥和产品中心化了。也许自行车手根本不用水杯，因此他们当然不需要水杯支撑物。选取一些切实的、可以调动出参与者积极性的话题，同时又不要限制可能的解决途径。最好的议题陈述更向外关注顾客的具体需要或服务的提高，而不是向内关注公司的某个目标。例如，我们如何才能从X公司手里重新收复市场份额，这样的议题不大可能产生受市场欢迎的发明。相反，一系列更具体的、以顾客为中心的自由讨论议题，诸如，我们如何才能加快顾客通过调制解调器拨号上网搜得最新信息的过程等，可能会打开你正在寻求的具有竞争力的发明的帷幕。不要一开始就批评或争论某些创意，这样很快就消耗掉讨论的能量。集体讨论的

主持者应当理解空间记忆里的重要性，把涌现出来的创意写在大家可见的地方。集体讨论是一个热烈的集体导向的过程，主持者迅速记下创意是把群体迅速凝结在一起的要点之一，不是做个人笔记，而是要抓住创意让大家看到讨论的进展。

好的集体讨论总是特别形象生动，其中会有草稿、图示、表格和各种数据等但不必像艺术家那样通过素描或图表让你的观点被了解。最好的集体讨论常常是具体化的，第一是吸收一切可能吸收的东西、一切有竞争力的产品，其他领域的精细解决方案以及可以应用的领先技术都可以拿来应用。第二是用手边的材料作模型：木块、泡沫塑料、管子以及任何可能有用的材料。

在产品设计的教学工作中，集体讨论法也是教学过程的重要环节，一般是将讨论的课题公布出来，让学生分组进行讨论，讨论结束后，再由每组派代表进行讨论结果的总结性发言，这样会收到很好的教学效果。例如一个人们日常用餐和饮水的讨论题目，题目的面很大，每个人都有很

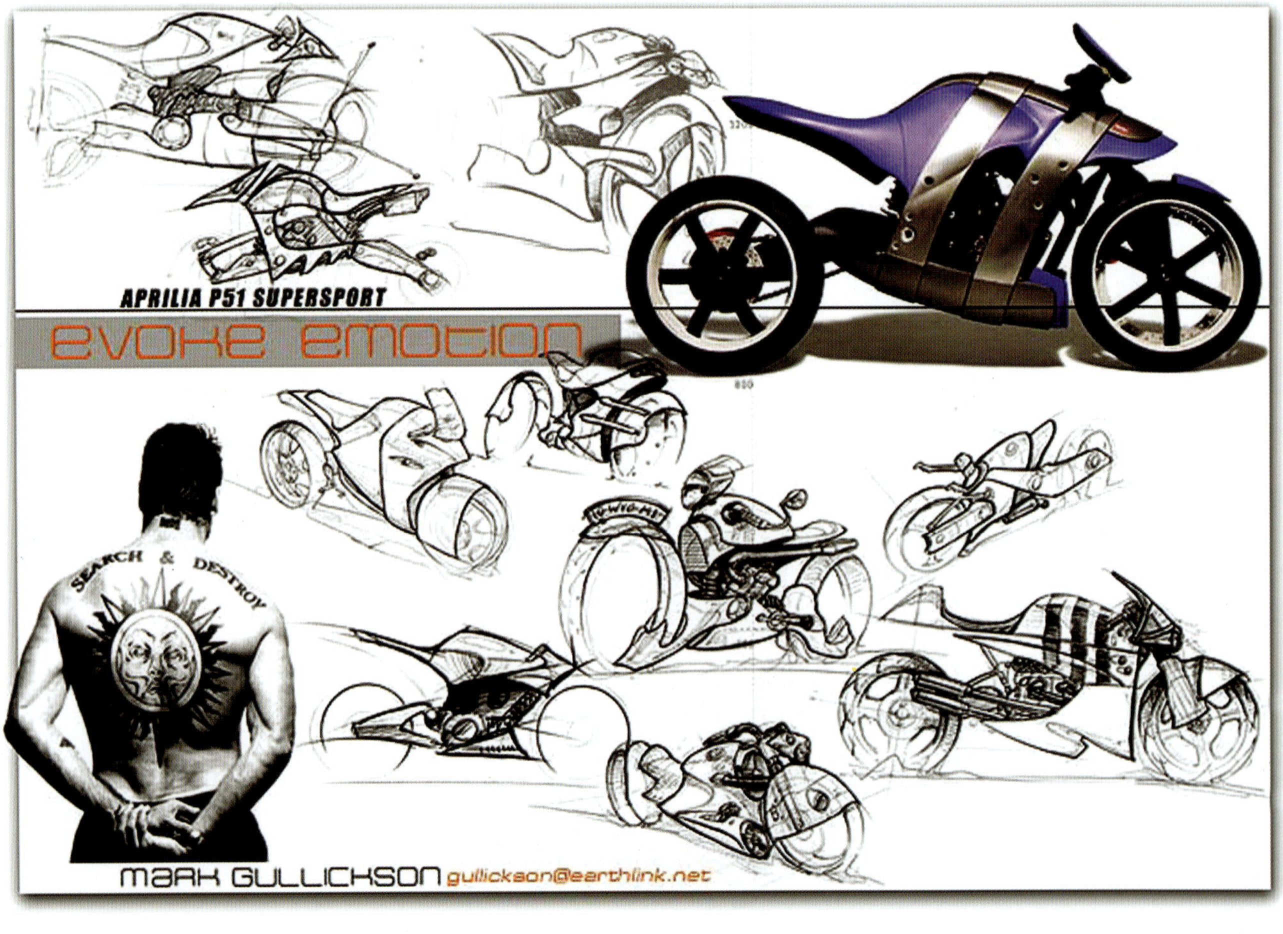

多关于用餐和饮水的个人经验，还有很多日常观察结果的积累，在展开深入的调查之前就进行集体讨论，可以将以前积累的观察结果和经验进行较系统的归纳和总结，并且每个小组会将注意点转移到更细致的题目上来，例如有的小组对学生的快餐用具更有兴趣，有的学生对婴儿的餐饮用具更加关注，还有的试图对现有的瓶装饮用水的包装进行改进，在讨论的基础之上，每个人再去进行更详尽的设计调研。

在产品设计教学中，这样的讨论会要进行多次，一是在课题刚开始时进行，如前所述，主要是明确课题的大方向；二是在课题进行中间，已经明确了设计要解决的问题以后，提出具体的解决方案时进行。这样更能利用群体的智慧，使解决方案更具有针对性。

4.2.3 灵感激发设计法

灵感是很微妙的，优秀的设计往往依赖于灵感的产生，但灵感不是凭空而来的，一是需要设计者有深厚的积累，作为灵感产生的源泉；二是需要为灵感的激发创造宽松的环境条件，例如，设计人员的办公环境应该比较个性化和富于创意，并且有一定的私密性，这样更利于灵感的产生。灵感激发设计法是设计中比较高的境界，并不是每一项设计都能达到灵感激发的状态，但优秀的设计往往要依赖灵感。例如，著名建筑师伍重，就是看到海上的白帆，灵感受到激发，设计了悉尼歌剧院。

下面列举一个灵感设计法的实例，一款MP3设计，其功能是听音乐及学习外语。由于功能的需要，在这款机器上需要设置10个功能键。工业设计室接受了这个设计任务。需要对这款机器进行外观设计，使其看起来更时尚，对年轻人更具有吸引力。由于这款电子产品的电子线路板已设计完成，液晶显示屏的尺寸和功能键的个数都是不可更改的。设计人员在进行了几天的方案构思之后，遇到的最大障碍仍然是键的个数过多，在视觉上显得分散和凌乱，在画了一大堆草图之后，设计人员仍然找不到满意的解决方案。大家正在烦恼之时，一位设计师打翻了水杯，一片水迹洒在了方案草图上，看着那片自然晕开的水迹印，一位设计师产生了灵感，依照水迹的形状，设计了这款MP3的组合式功能键，中间是组合方向键，周围向四周晕开的水迹形状巧妙地将其余的功能键组合在一起，使得键的设计成为这款产品的一个视觉亮点。

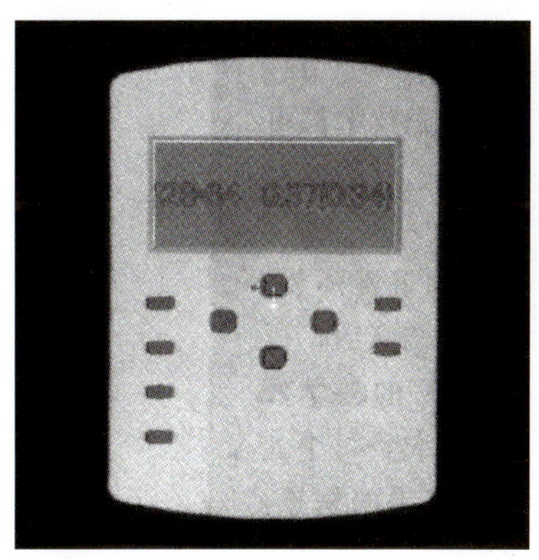

外形原图

改进设计后外形原图

4.2.4 异花授粉设计法

异花授粉法是解决设计问题的一条有效途径。即突破传统界限去寻求创意。例如将用于医疗器械的某种技术和结构应用于新式的家具设计中，或者把应用于电脑的某种技术搬到汽车座椅中来。

例如，以美国IDEO设计公司设计的一款沙滩椅为例，某个善于观察的设计师发现在海滩上晒太阳的人们，为了追逐阳光，每一个小时需要转动一下自己的沙滩椅，怎样才能让沙滩椅自由转动而不必起身？有人想到了一种显示器底座，它是一种带有滚珠和凹槽的机械装置，可以使显示器能够翘起来并旋转，设计师将这种显示器底座的设计方案应用到沙滩椅上，就发明了一种“阳光追踪者”的沙滩椅，它带有碾入沙中的圆形底座，这种底座可以起到转动枢纽的作用。

锻炼异花授粉的能力，首先要观察人们如何将已有的产品应用于新环境，就可能发现新机会。例如，一种名为“正确的呼吸”的打鼾治疗仪是一种帮助人们止住鼾声的器具。旧金山49人队的杰里·赖斯开始在鼻子上佩戴这种新发明，以提高他的空气摄入量，于是该产品的销售量急剧飙升，因为它既可以为运动员又可以为打鼾者使用。

几年以前，运动护目镜往往是针对高山滑雪而设计的。摩托车越野赛的骑手，在通过一段崎岖的路段时，他们要能保护好护目镜很难，因为泥水会很快在镜片上结块，他们用传统的滑雪护目镜应急，这往往需要准备六个护目镜。在比赛中他们需要层层剥去镜片上的泥块才能看清路面。史密斯运动光学器件公司，从35ram胶卷中获得了启发，创造了一种清晰的“卷”式护目镜，拉动一下卷带，护目镜就变得清晰了。“卷”式护目镜有足够清晰的卷带，可以满足摩托车骑手在整个赛程中的需要。锻炼异花授粉的能力在平时的工作与生活中，勤于观察和积累，观察、收集整理各种小的机械结构、新型材料，搞清楚它们的性能和工作原理，需要进行移花接木时，才能迅速找到素材。还要多翻阅杂志，多上网冲浪，涉猎越广越好。因为工业设计创新从来就不是一个很窄的专业面，需要了解最新的观念、形势和广告。

4.2.5 组合设计法

所谓组合设计法是指在原有产品的基础上，增加新功能而产生出新产品的设计方法。组合设计法有时也被称为增加设计法。

（1）组合整个产品

现在的PDA手机，就是将传统的PDA产品与手机产品组合在一起，使用户只携带一种产品就可以实现以前携带两种产品的功能，真正做到了便携产品。

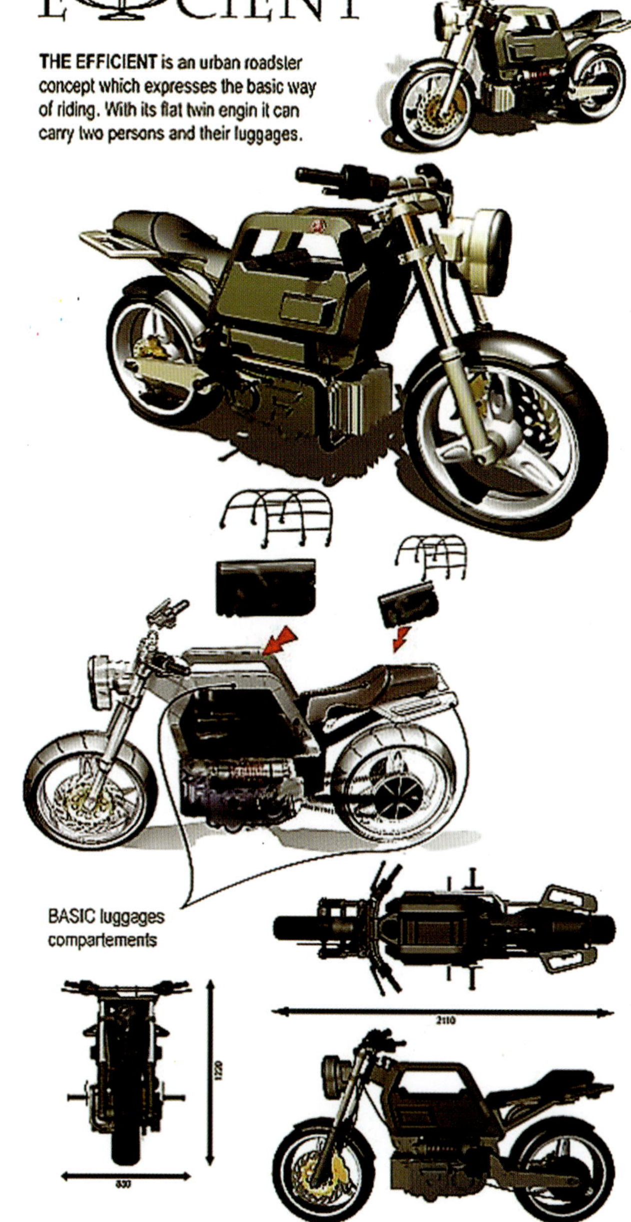

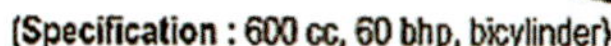

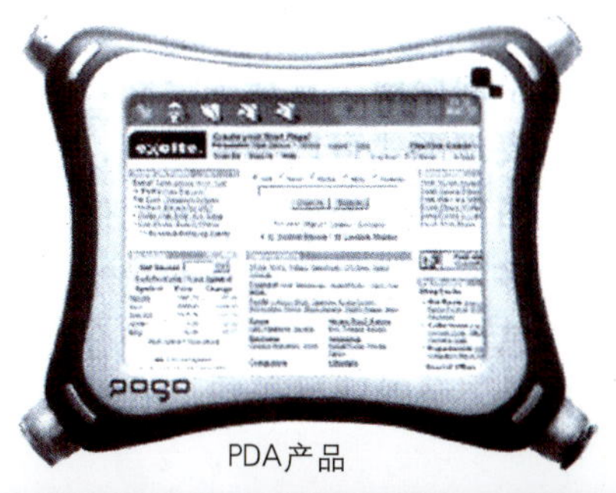

PDA产品

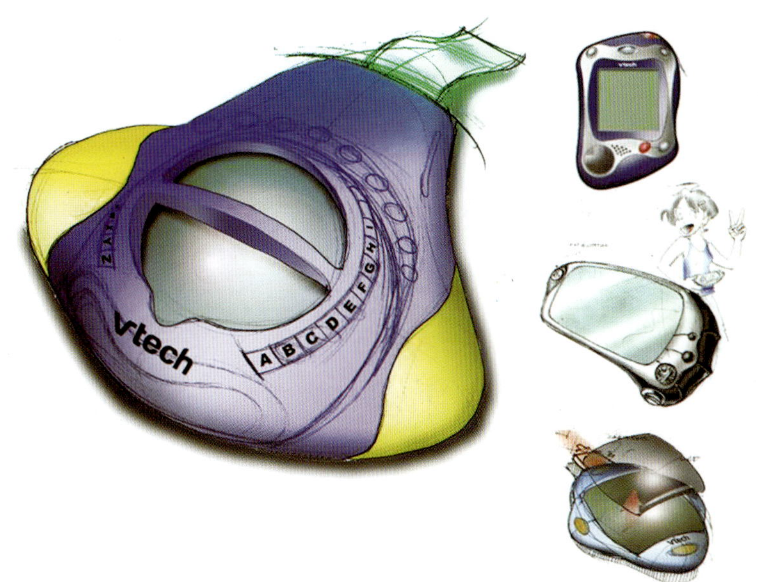

通用汽车将SUV和它的敞篷货车组合成一种新式巨大的SUV敞篷货车，名为“雪佛兰雪崩”。该公司希望改变其产品质量可靠却过于平庸的形象。于是选择了通过产品组合创新的方式，以求得局势的改变。“雪崩”又参与了和通用汽车“别克汇合”的另一次组合，后者将小型货车和运动器械车结合起来。

(2) 结合产品用途

任何曾经打篮球的人都有过这种经历，身边只找到一个瘪瘪的篮球，要想找到专门用来给篮球打气的球针就像海底捞针无处可寻。

斯伯汀运动用品公司找到了解决方案——将球针与球结合起来。该公司的“注入”式篮球采用一种嵌入式气泵工艺，这样就可以随时给篮球充气，然后轻轻松松去打球。

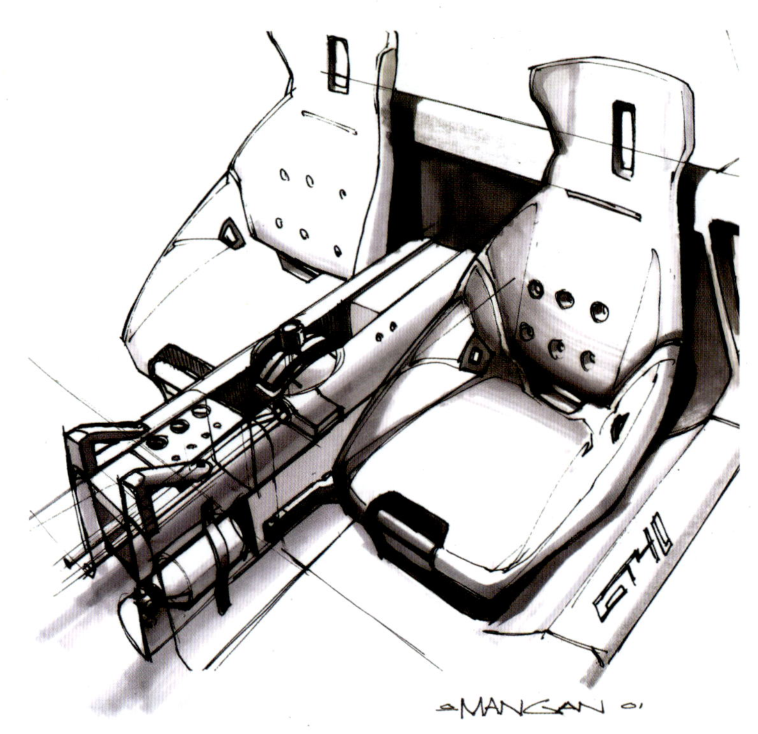

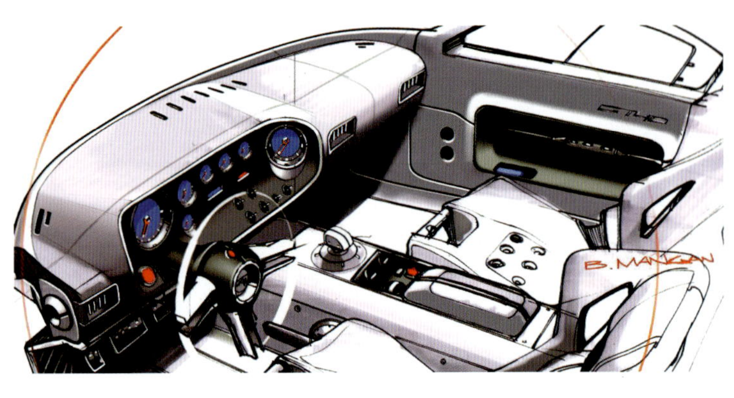

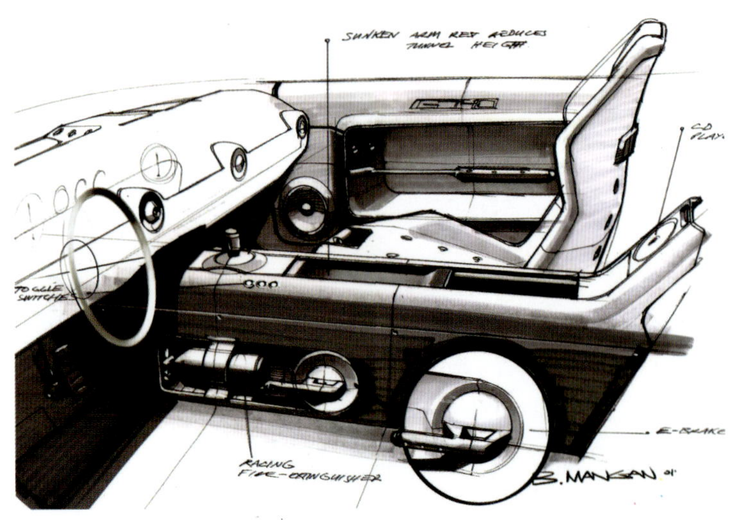

4.2.6 解决问题的减少设计法

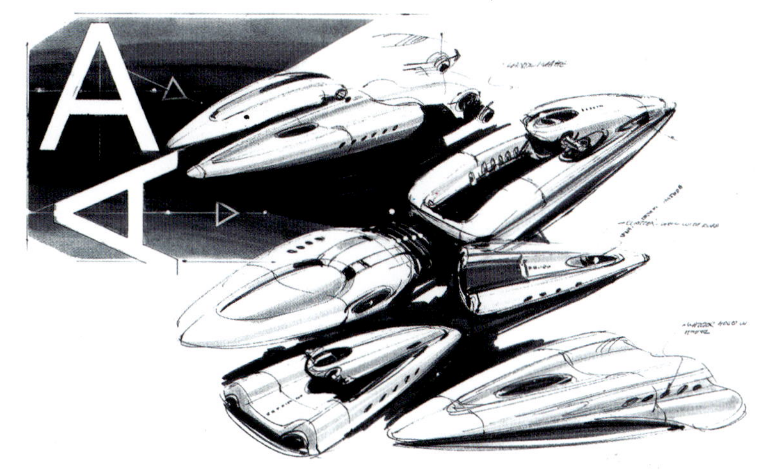

减少设计法也是一种行之有效的设计方法，现代社会，有很多产品，尤其是电子产品，经常有很多功能是很少被用户使用的，因为这些功能常常需要用户很仔细地阅读说明书，而顾客常常没有耐心和时间去仔细阅读说明书。因而，对于现在的很多产品而言，减少设计法的应用也不失为一种好的方法。

4.3 解决问题的方案表现

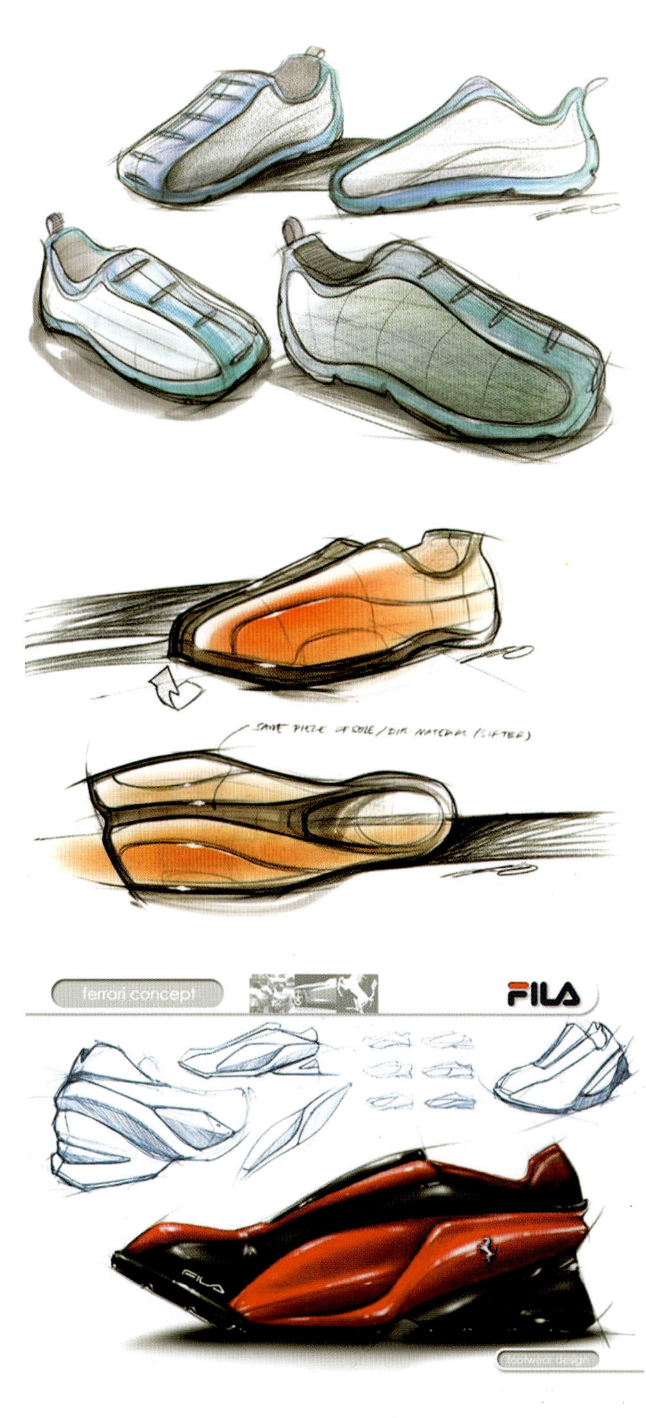

方案表现就是把方案构思的过程表现出来，工业设计的方案表现最常用方法是设计草图的绘制，也就是把产品的概念视觉化的过程，是设计的关键过程，因为设计师头脑中的形象稍纵即逝，如果不将它们用草图及时捕捉，设计永远都是空谈。草图的绘制一般分为构思草图阶段和设计草图阶段，构思草图目的是尽可能多出创意，此时头脑中的形象还不太清晰。当某一瞬间产生了灵感，就必须马上勾画几笔。快速记录这些既不规则也不完美的形态，不用对其中的细节做过多的修饰，待构思阶段完成后，再返回来修改这些未经梳理的方案。淘汰其中不可行的部分，把有价值的方案继续修改完善，直到自己满意为止。这些混乱的不规则的形态虽然并不能直接形成完美的设计，但它们经常可以牵动设计师的联想，使设计师的思路不会固定于某一具体形态上。这样就容易产生新的形态和创意。

构思草图一般使用铅笔、钢笔等简单的绘图工具徒手绘制，只是把最初的想法表现出来，不用考虑细节，表现形式可以是透视图，也可以是产品各个面和各个角度的平面视图。图面可以没有严谨的比例。对构思草图的唯一要求是草图的数量一定要多，因为只有通过大量绘制构思草图，设计师才能充分拓展自己的设计思路，并从中筛选出符合各项要求的设计方案，为最后的定稿打下基础。

构思草图的主要作用是完成设计构思，看似徒手随意乱勾出来的构思草图实际上是一种图式思维的设计方式，完成构思草图的过程也就是不断分析问题、解决问题的过程。

设计草图是在设计构思开始一段时间以后，对初级阶段的草图进行整理时绘制，是一种正式的草图方案，此时，设计师头脑中的形象已比较清晰，设计的细节也较为丰富，设计草图一定要重视比例和尺度，尤其是对于较大型的产品，缩小比例的草图很难将形体和设计细节充分表现出来，因此尽可能放大比例来画。另外除绘制整体的图以外，还要绘制较多的细部设计图，总之设计草图应该尽量将产品的各个侧面和设计细节表现出来。

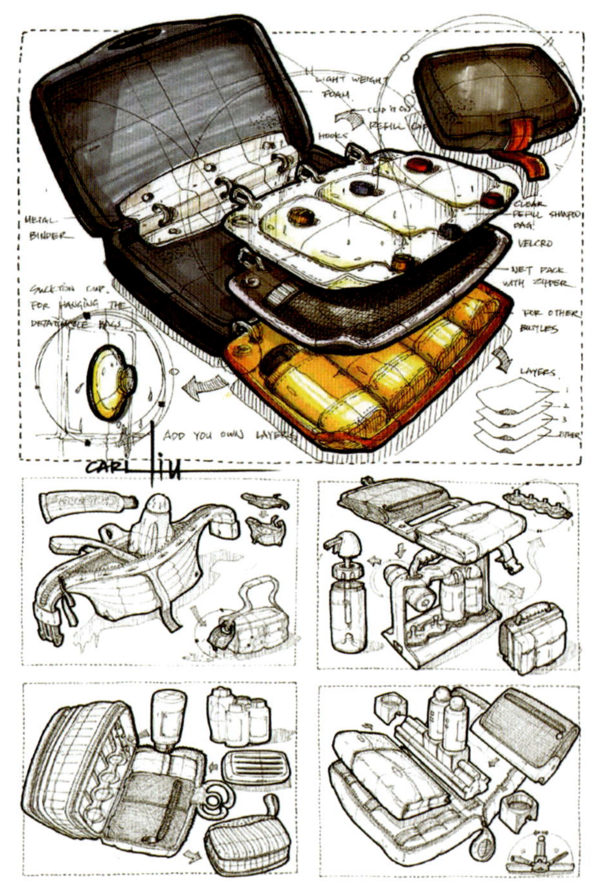

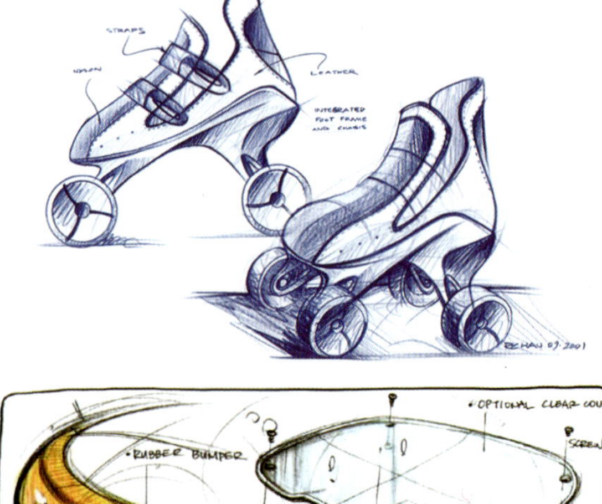

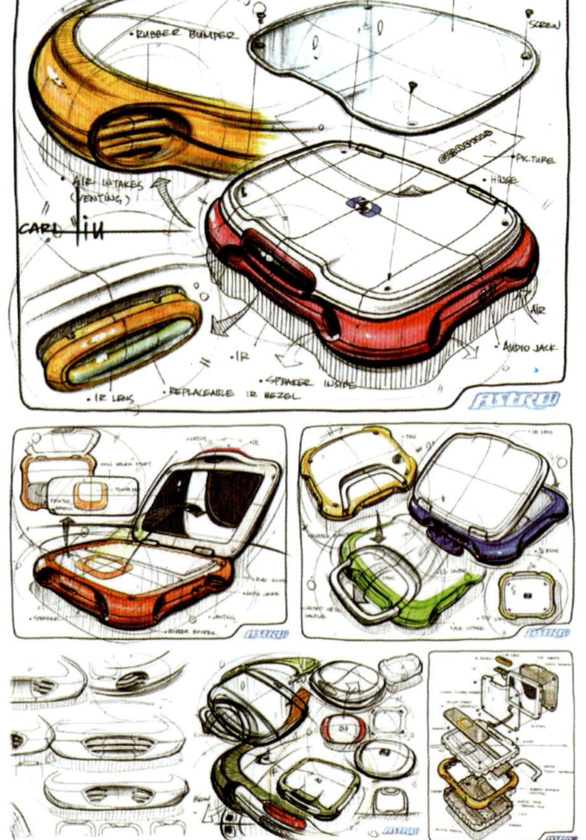

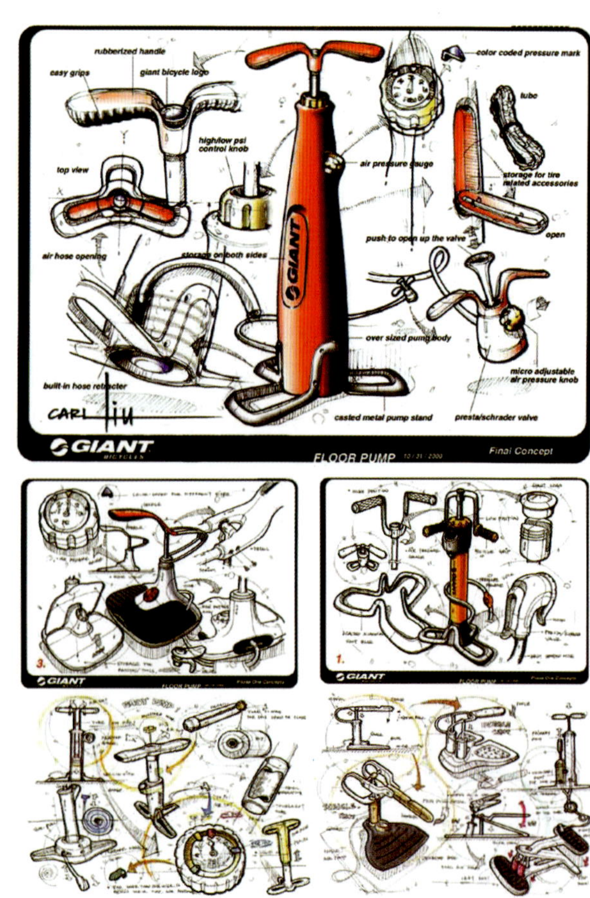

在设计前期，工业设计师必须通过设计草图这种简单的形象化表达方式，与企业决策层的领导、结构工程师以及与产品开发相关各部门人员进行交流与协商，共同评价草图方案的可行性，为下一步的设计确定方向。因此，设计草图应该将产品造型的局部结构、装配关系、操作方式、形体过渡等涉及的主要内容详细地表现出来，一些用透视画法表现不清的地方，也可以加上平面草图，或是少量的文字说明。

设计草图的表现方法可以分为手绘草图和电脑草图。手绘草图一般是用铅笔、钢笔、针管笔来勾线，用马克笔、色粉笔来着色的方法绘制。手绘草图的优点是绘制速度快，草图的线条优美自然，给人一种强烈的艺术感染力，但由于手绘线条的不确定性，容易使评审方案的人产生视觉偏差而产生误解。

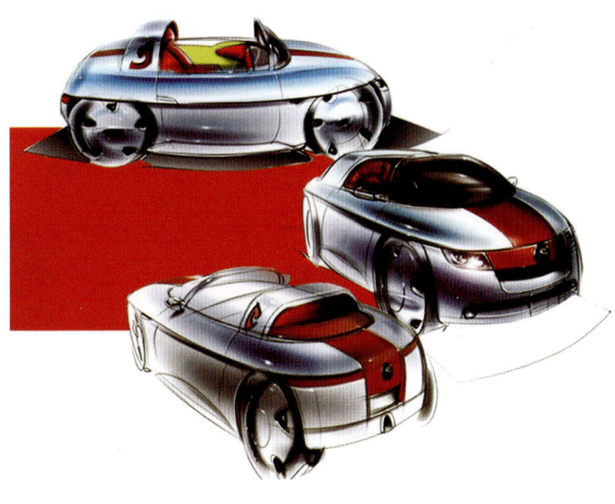

现在常用电脑绘制设计草图，常用Coreldraw、Photoshop等平面软件来绘制方案性设计草图，这样可以比手绘更精确，表达更清晰，且用平面软件来绘制草图比用三维建模软件绘制能多节省时间，比较适应这一阶段的工作特点。

4.4 解决问题的方案评价

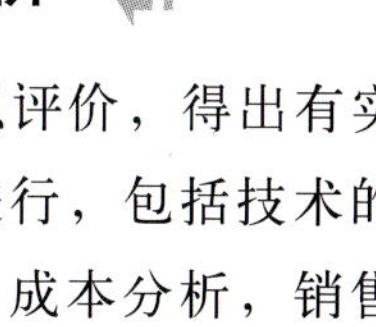

对解决问题的多个方案构想予以评价，得出有实际应用价值的方案。评价应从多方面进行，包括技术的可行性分析，生产工艺的可行性分析，成本分析，销售价格的预测等多个方面的评价。对于企业开发的新产品，每种评价都应该由专门的部门进行，但对于学生的概念性设计练习，技术分析和工艺分析，只要求做到查找相关资料，证明方案在技术上是可行的。成本分析和销售价格预测也只要求有基本的预测即可。

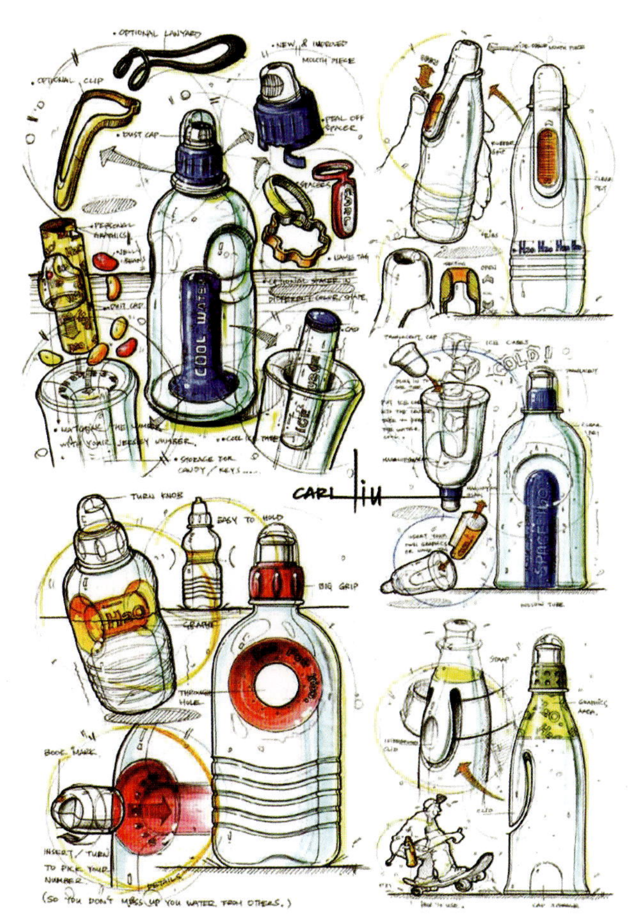

案例 可测温儿童汤匙设计

1.课题要求

设计人们用餐或饮水的器具，要求是通过观察、调查和研究，发现人们在用餐或饮水过程中存在的问题，并通过设计，解决问题。

2.提出问题

通过观察了解到成年人在给婴幼儿喂饭时，一般是用勺子先将食物盛起，然后，吹一吹使食物冷却，然后用嘴尝尝，确认食物不烫以后，再将食物喂给婴儿。但事实上，成人的口中有很多细菌，这种做法，不利于婴幼儿的健康成长。但如果成人不尝食物，一旦食物的温度高，就会烫着婴儿。这个问题具有相当的普遍性，关系婴幼儿的健康问题，是一个非常需要妥善解决的问题。

3.分析问题，提出概念

通过分析，这个问题的关键是婴儿的喂养者，需要准确地知道食物的温度。至此可以初步提出一个新产品的概念，即在盛食物的器皿上，加装一个测温装置，那么初步的新产品概念是，可测温汤匙或者可测温碗，再经过对这两个产品概念的比较，由于盛在碗中的食物较多，食物的表面和食物的里面温差比较大，难于测出准确的温度。相反，盛在汤匙中的食物较少，且马上要送入婴儿的口中，此时能够确定食物的温度很重要。因而，经过初期对问题的分析，可以提出一个产品概念，即可以测温的婴幼儿喂饭汤匙。再对问题进行更深一步的研究，分别列出汤匙设计的主要问题和其他问题。

汤匙问题分析图

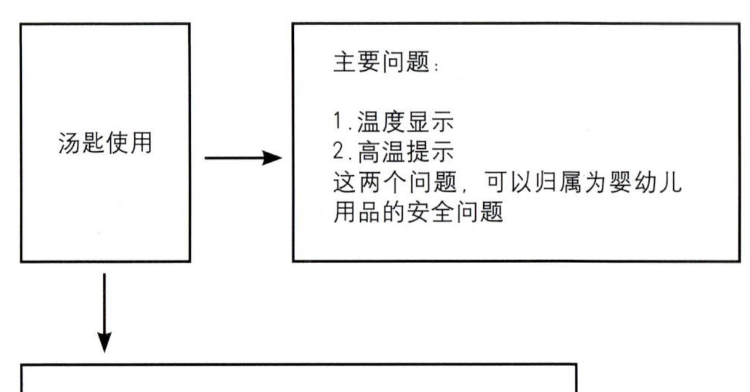

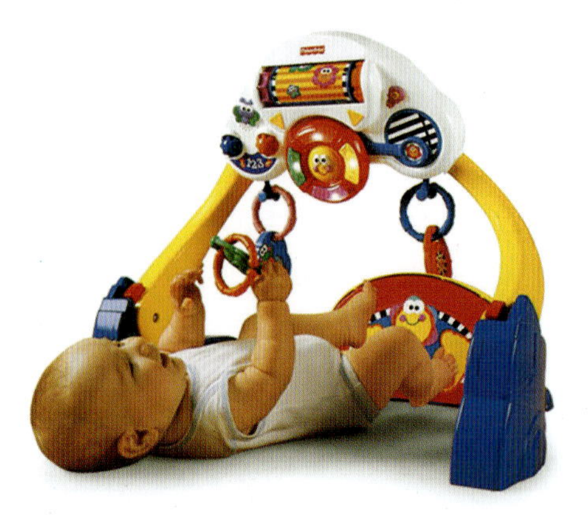

4.方案构思，解决问题

先运用定向思维方法，设计目标——解决婴儿喂饭的安全问题——设计可测温的汤匙，再运用发散性思维方法，提出不同的解决方案。

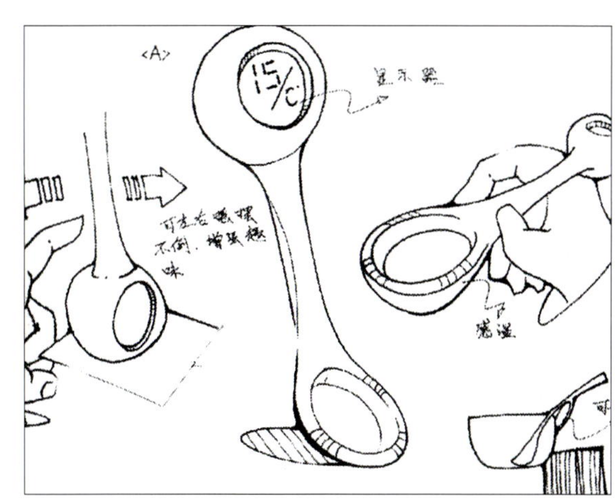

方案1：

汤匙头部预置感温材料，汤匙末端安置一个小的显示屏，可以显示匙中食物的温度，解决了主要问题。另外在手柄的设计上，考虑成人手抓握的方便。汤匙手柄的设计可以解决临时放于桌上时，保持清洁的问题。

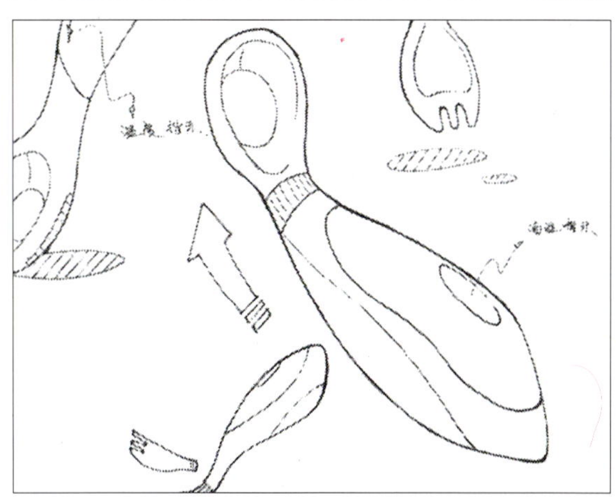

方案2：

汤匙头部预置感温材料，汤匙末端安置一个小的发光管，当食物温度过高时，先是高温提示信息。另外考虑是更换头部以满足不同功能需要的问题。

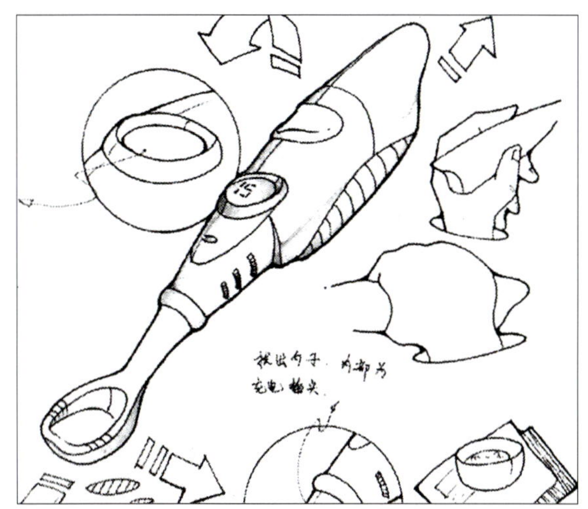

方案3：

汤匙头部预置感温材料，汤匙末端安置小显示屏和发光管，既可以显示食物的准确温度，又可以在食物温度过高时，发出高温提示信息，此款汤匙可以充电。

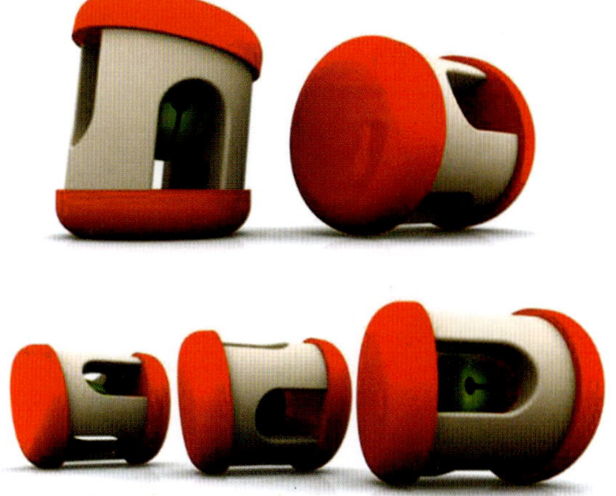

第5章　产品设计程序报告书的制作

产品设计程序报告书的组成部分

产品设计程序报告书的组成分为四个部分：一、计划阶段部分；二、设计阶段部分；三、方案确立部分；四、设计实现部分。

计划阶段	提出问题	
	资料收集	发展史 技术原理 专利调查 高新科技 企业内部 企业外部 市场需求
	分析问题 需求分析 社会因素分析 环境因素分析 历史与现状比较 市场分析 产品分析 专利法规标准 包装　销售　安装 售后服务 产品维修 使用安全	
设计阶段	功能划分 方案的变体 原理结构确定 比例尺寸设计 草图及草模型	
方案确立	了解各种设计方案 选择最佳设计 评估和确立方案	
设计实现	组织结构及细部处理 图纸形成 模型制作 产品说明	

一、计划阶段

为了设计一件新产品，工业设计师在计划阶段认清提出的问题后，要进行大量的社会、商情、技术、专利、历史等方面的调查与资料收集工作。然后从收集的资料着手研究分析，做出计划。

1.提出问题　这是企业或设计师首先要做的工作，因为问题的发掘是认识过程的动机和起点，工业设计师的第一任务就是要认清问题，利用设计的方法去寻求问题的答案。

2.资料收集　为了寻求答案、解决问题，首先需要分析问题，如果没有信息资料又从何分析呢？因此，资料收集得多少，质量的高低，直接影响到下一步的设计工作。我们把收集到的资料暂不做评价。这些收集来的资料都可能成为我们解决问题的基础。而收集资料的工作又是艰难的，其设计师（调查人员）应有良好的素质，他必须具备强烈的事业心和责任感，有一定的政策水平，严谨的工作作风，高度的敏感性和广博的知识结构，并善于调查研究，有掌握信息科学的理论与方法及通晓行为科学的知识，还要善于与人交谈。这些良好的个人素质能为你收集资料的调查工作铺平道路。

3.问题分析　需求分析是要了解有多少人对这一产品有兴趣。这通常是由企业经营者——决策人根据市场状况所作分析得知的。

计划社会因素分析　这和需求分析有密切关联。在此首先要估计未来产品将与使用者产生何种新的关系，使用者属于哪一社会阶层，它将造成何种程度的社会地位（声誉）象征。

环境因素分析　考虑产品在使用时与环境之间的关系。例如：气候、灰尘等。另一方面是指产品对环境的影响。例如：环境负担。

历史与现状比较　有时做一件产品的历史演化分析及历史与现状的比较分析，可找出新产品的发展方向。

市场分析　是将市场上所有同类产品的资料加以收集、比较，特别是对产品改良的设计工作更加重要。比较时应基于相同的条件因素，才能得到公正的评价。这些共同的条件因素应该由设计师依据产品特性提出。

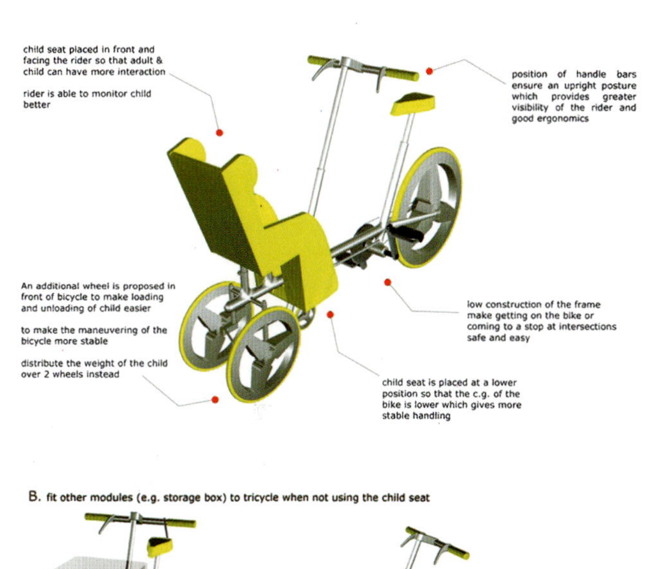

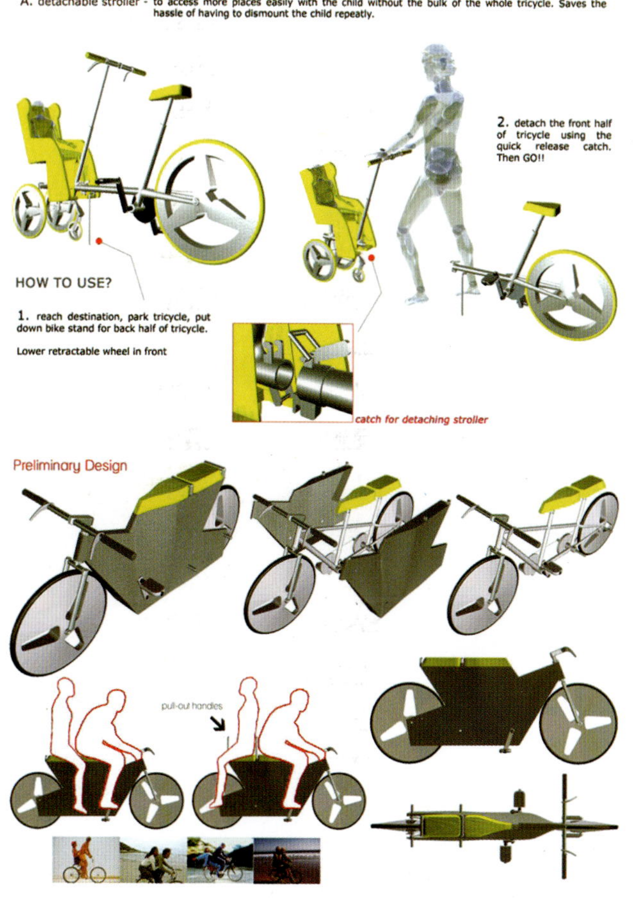

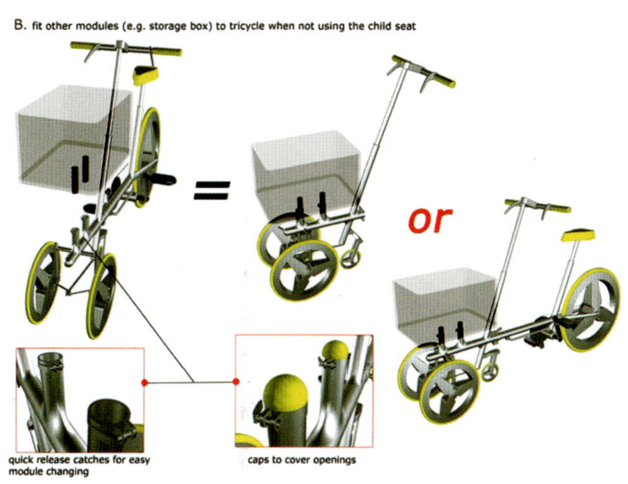

产品分析　对现状产品找出缺点，作为产品改良、发展的依据，产品分析可以从几个方面展开。

(1) 机能分析　可提供一件产品有关技术方面机能的资料。在此是指产品的工作方式，基于物理或化学方式所达成的。这些产品工作方式可由合理的过程（例如：尺寸测定，重量测定，红外线，生命期测定等）加以测试。机能分析是一种产品技术方面机能的分析方法，以求对该产品机能品质做全面了解。

(2) 结构分析　使一件产品组织结构一目了然，以表示其组织的复杂程度，通过组织结构分析，可以决定是否可减少部件，或将有关部件群化。

(3) 造型美学分析　在整个设计问题分析中，可透过造型分析探讨产品美感因素，（外形）确立色彩属性的准确，以求得新产品造型的发展方向。作造型分析必须将所有造型元素加以比较。这通常包括色彩、表面质感处理等。

(4) 材料与制作分析　对材料的分析是设计师所必须考虑的问题，材料能影响产品造型、结构、美感、质感、工艺等，与产品的造价也直接相关，而工艺手段的运用对制作过程的限定有重要的意义。

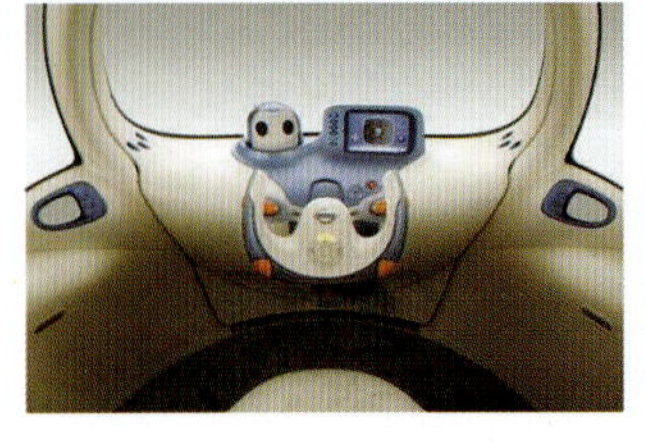
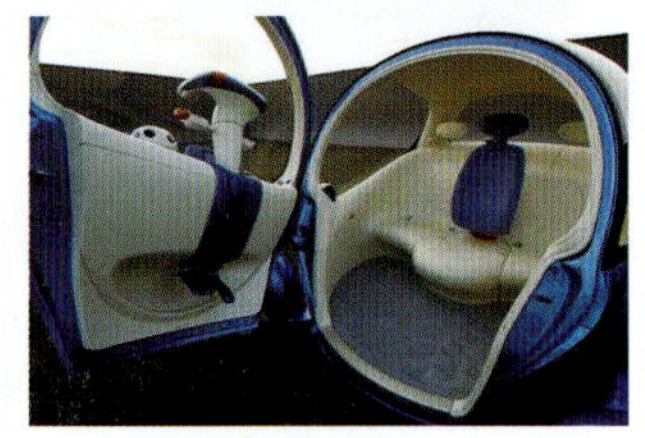

专利　法规　标准

就是说，某项产品的开发或改良都有专利性，受法律保护，在工业产品的限定中，也有一定的标准化问题。

包装　销售　安装

一件产品生产后，如何包装，对其美化产品及产品运输都有直接关系，同时也起到推进销售的作用，因为包装也含有推销力。一件好的产品在使用前有其安装的过程，一定要讲究方便性和安全性。

售后服务　产品维修　使用安全

设计师在考虑新产品开发的同时，也考虑到售后服务问题，特别是产品的维修，也要减少购买者的负担。在新产品的使用上，除符合人机工程学外，特别要加强安全方面的设计。对能源的合理使用，不但包括节约，也包括安全、可靠，对其使用的过程更加符合其科学的操作过程，使使用者买得开心，用得放心。

二、设计阶段

提出设计的初步方案，提出用什么方法解决产品的某些要求，这是依据分析结果而产生的设计阶段，是创造的阶段。这时应选择合适的方法，以节省时间。在这一阶段，设计师必须坚守分析工作做成的结论，并做出许多可能的解决方案。但要注意思维的灵活性，同时又不能被分析之结论所束缚，大胆创作，激发新的构想，在此期间主要利用草图、效果图或模型等来表达设计意图。

1.功能划分，是给功能下定义，通过现象看本质。设计要创造新的产品质量，必须辅助功能。

在设计的开始，只需有功能的想法，因为使用功能是产品的第一目的。围绕着功能的问题去设计，才能在满足人们生理需要的同时，可放开想象，在造型形式上大胆创新，不受其固有产品名称的限制。在设计产品的目的明确后，即可对其设计的产品进行功能划分。

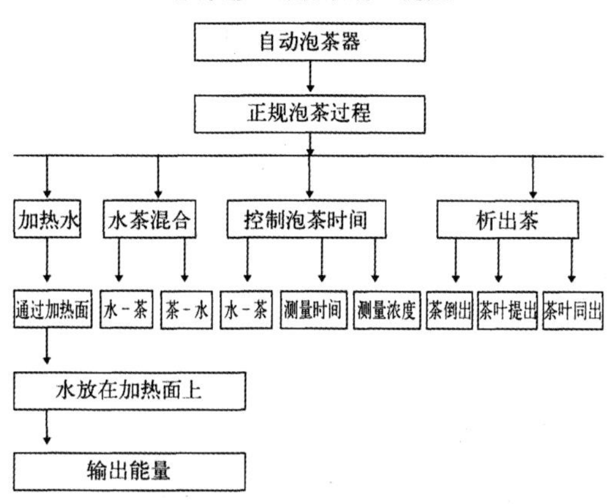

2.方案的变体，“变”应以物体、功能为中心。首先要提出基本结构。

例如：K＝锅炉　T＝泡茶　P＝茶壶

先找出可能性，组合方式如下：

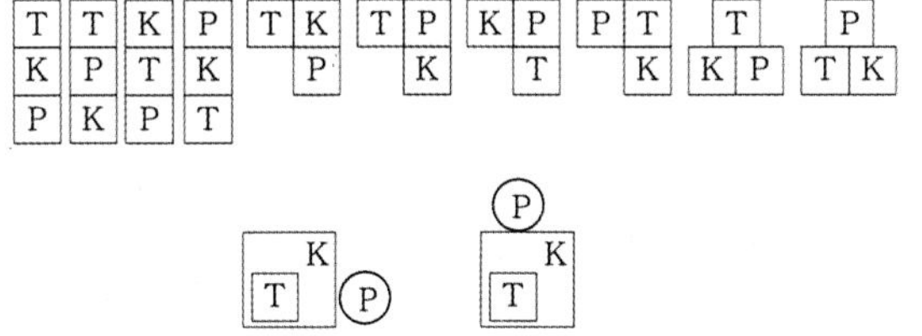

通过评价产生合理方案，再审核方案，如有问题，可重头再思考。

3.原理结构的确立，是通过方案的评价和具体的分析来确立的。

4.比例、尺度设计，找到变的地方，确定尺度。要特别注意运用人机工程学、生产语意学和价值工程学等来保证比例尺度的科学合理。

5.草图、效果图及辅助模型，在变体后所确立的功能结构之上，作形态的演化设计，通过速写形式来表现其设计的外观形态，把所想到的可能都用草图勾出或借助于效果图及草模型来表达设计的意想。

三、方案确立

将不同的设计方案进行评价，通过与计划阶段的各种调查及分析结果相比较，选出最佳设计方案，并将最佳设计方案与新产品的各种要求一一对应，进行检查，看看是否完全符合，以确立设计方案。

1.了解各种解决问题方案

从各种方案中找到最理想的设计，把所有优缺点摆出，进行推论，证实其为可行性方案。

2.选择最佳设计

基本知识、经验确定下来的，虽然说好的设计很难有一个统一的标准，但设计师和使用者还有一个大致的标准，就是“好的设计”必须具备创造性，如果一件产品没有新意，就没有了设计的依据。还要具备适用性，这是产品存在的依据。要有美观性、语意性、简洁性等。总之，它是依附于新产品的需求而确定的。

3.评估和确定方案

对确定的设计方案，评估其未来形态，使用结构及未来效益等，都具权威性和准确性。一般而言，评估工作是由产品计划、发展、销售各部门的主管共同担当。

四、设计实现

设计过程的最后一个步骤是将最好的设计方案具体化。进一步考虑得更详细、更完善。

1.组织结构及细部处理

在实现我们所确定的设计方案时，无论从组织结构上，还是细部的处理上都要精益求精，讲究结构的最合理状态，讲究细部的处理，细部与整体的关系等。并在制作样机（模型）时，做到细而不繁，贵而不俗。

2.图纸的形成

样机的实现，首先要有完整的图纸，包括：三视图、剖视图、部件图及透视效果图，以便准确地完成设计方案，以免造成材料和时间的浪费（样机制作完成后，可能有细微处理，这样的话，其生产图纸就要回头重做了）。

3.模型制作

模型制作讲究材料性、工艺性、艺术性、实用性。

4.产品说明

对其产品要有详细的说明介绍，应是从各个角度，图文并茂地来说明。

健身车设计程序报告书实例

目录

序言

进入20世纪后，人们在享受第三次科技革命给我们带来的舒适便利生活的同时，肥胖、心肌功能下降等疾病也不断地侵扰着我们的生活。为此，现代人越来越重视自身的健康，但健康不像财富，它无法储存起来，使人享受终身，因此我们必须持之以恒地参与运动。近些年来流行着的各种有氧健身器，为人们追求优美健壮的人体美提供了方便。

最初，市场上销售的健身器大都是一些综合性强、比较专业的健身器。但它们体积太过巨大，只适于大型的健身房和一些专业健美人士使用。而现代都市繁忙快速的节奏使人们很少有时间去光顾专门的健身房，也很少有人能挤出专门锻炼的时间并持之以恒地坚持下去。于是市场上出现了一些体积小、使用方便的小型健身器，人们甚至可以在看电视、听音乐时运动，所以在它出现之初便得到人们的青睐。各大健身器制造商也致力于开发各种体积小、使用科学简便的健身器材，来满足人们的要求。同时也引导了消费，使健身器从公共运动场所向家庭发展，成为家庭健美锻炼的必备用品。这也迫使设计者对该产品做更深入的研究。

计划阶段

一、提出问题

每次走出商场或健身器材专卖店，我们心情是否总夹杂着一份遗憾？是因为健身器品种不够丰富，还是工艺制作不够精良?恐怕这些都不是问题的关键。与早些年相比，如今的健身器实可谓丰富多彩。但人们的关注点却渐渐发生了变化，从健身器的力量训练范围与机械性能转移到了它的科学性与个性魅力上。大工业的规范性、批量化可以保证市场的需求，同时也难以避免地为我们制造了太多的共性，以致难以满足人们日趋提高的审美情趣和对产品科学性、自动化的要求。这是一个不容忽视的问题，它的出现标志着一个社会、一个国家的文明进程。如何很好地引导和提供高水准的服务，是目前设计与创造领域所面临的新问题。设计师如何适应这个变化，满足这个变化，引导这个变化，是我们应当研究并解决的问题。

二、资料收集

1．发展史

自从人类有了审美观念和美学思想，开始倾慕和推崇体魄健壮的人体美以来，出现了多种多样塑造健美形体的锻炼方法，如古希腊人就曾采用划船、掷铁饼、投标枪等方法锻炼身体，追求轻巧、强健、优美的肌体；古印度曾流传一种瑜伽健身术，通过呼吸功、动态功和静态功来调节人体机能，健康身心；我国古代也曾采用十八般兵器、石锁、石锤等器械来塑造健美形体，增进健康。

在18世纪初期，伴随健美运动的兴起，为配合健美人士和运动员对不同肌肉的锻炼，而制造一种综合了杠铃、拉力器的健身器材。虽然它功能简单而且巨大笨重(4.24吨重)，但它却是现代健身器的雏形。随着社会的发展，健身器在健美运动中起了越来越重要的作用。这促使许多公司开始致力于健身器的研究，先后开发出跑步机、健身车等健身器。健身器也逐步向小巧、多功能方向发展。进入电脑时代后，又出现了集成电子科技的新一代健身器。它具有可监控人的运动量、呼吸、心跳以及所消耗热量等功能，使人更科学地健身。

时至今日，健身器种类日益繁多，大致可分为三类：第一类是全身性健美器械，如大型机械健身器、电子健身器、全身健身器。第二类是局部性健身器，如超声波美容器、步行器、漫步机。第三类是小型的家用健美器，大家比较熟悉的有跑步机、陆上划船器、固定式健身自行车、健美骑士等。

2．技术原理

健身器从工作原理可分为五大类，每一类都有它独特的技术原理。

（1）机械类　这一类因袭了原始健身器的工作原理，是利用固定在支架上的定滑轮或短力臂杠杆，改变重物的重力方向为施力方向的相反方向。

（2）模拟类　这一类健身器是模拟现实中的一些体育项目。主要是利用与运动者施力方向相反或成角度的人为制造的阻力或摩擦力为运动者提供一个虚拟的运动环境。如健身车、划船健美器、登山健身器等。

（3）跑步器　这一类健身器是利用滚筒或皮带带动踏板，做顺时针或逆时针运动，从而提供相对静止的跑步环境。

（4）器械类　通过健身器自身的形态来帮助运动者完成特定健身动作。

（5）电子类　通过向需要收缩的肌肉发出电子信息，使肌肉不断运动，达到人体自然运动一样的效果。

3.专利调查

〔11〕**授权公告号** CN 3098096D　分类号　21-02-E0102　〔21〕**申请号**　97305705.X　专利号　97305705.X
〔22〕**申请日**　97.1.3　〔24〕**颁证日**　98.8.22　〔45〕**授权公告日**　99.1.6
〔73〕**专利权人**　郑东升
地址　台湾省台北市天母东路105巷35号7数之2
〔72〕**设计人** 郑东升
〔74〕**专利代理机构**　青岛市专利服务中心
代理人　崔滨生
〔54〕**使用外观设计的产品名称**　跑步机(F)

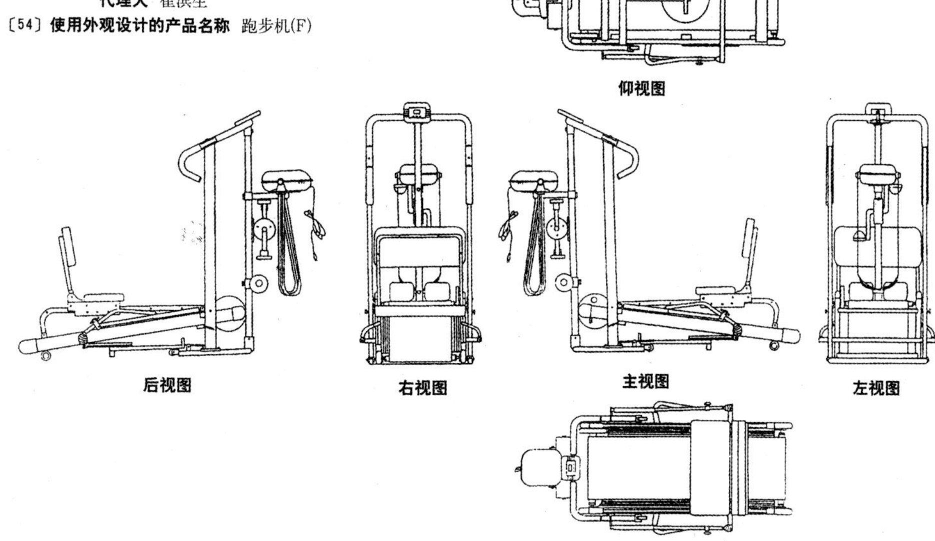

〔11〕**授权公告号** CN 3083065D 分类号 21-02-E0102 〔21〕**申请号** 97321651.4 **专利号** 97321651.4
〔22〕**申请日** 97.6.18 〔24〕**颁证日** 98.6.20 〔45〕**授权公告日** 98.8.19
〔73〕**专利权人** 陈银彬
地址 518031广东省深圳市福田区上步南路国企大厦永辉楼22栋B
〔72〕**设计人** 陈银彬
〔74〕**专利代理机构** 深圳市专利服务中心
代理人 张艺影 李弈辉
〔54〕**使用外观设计的产品名称** 健腹轮
〔57〕**简要说明** 左、右视图对称，故省略右视图。

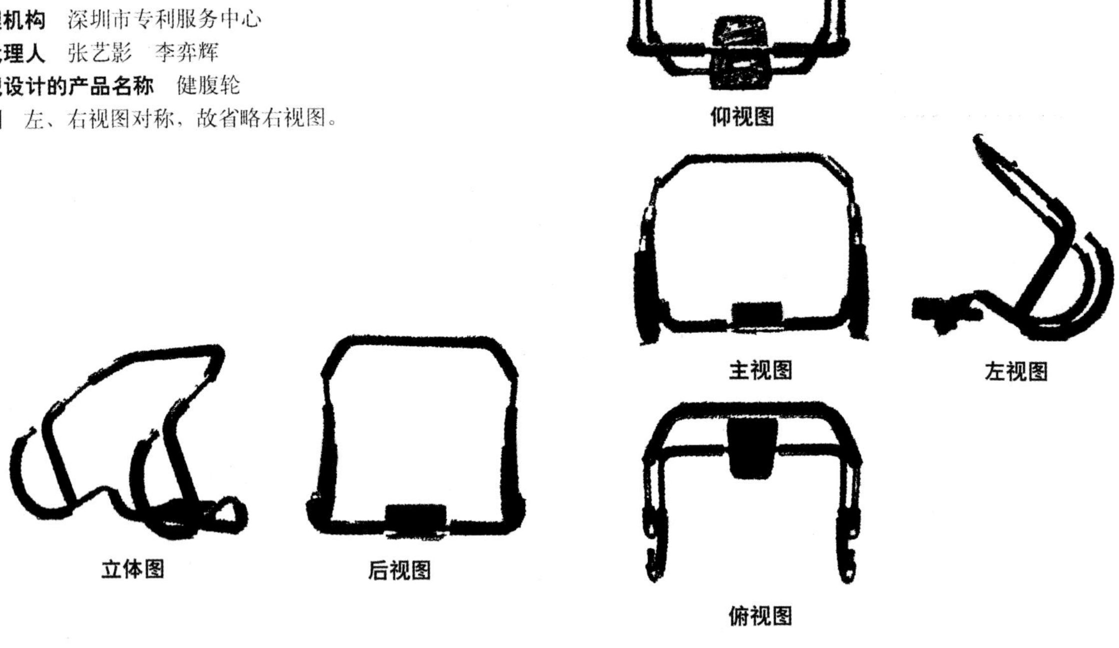

仰视图 主视图 左视图 立体图 后视图 俯视图

4．高新科技

（1）材料方面

碳纤维 目前被广泛地使用在许多高级的健身器上，最近投入使用的T—700碳纤维强度较T—300碳纤维高27%，另外加上玻璃纤维与太华龙纤维作为复合材料，在刚性及强度上都达到最佳状态。

铝合金 曾用于航空工业的Alcalyte Cu 92和6061铝合金，它们比一般的铝合金强度高15%～300%，延展性也更好。

铬钼合金 重量比钢材轻，强度比钢材高，价格要比铝合金便宜。

高碳钢 是使用最为普通的用材。

（2）减震系统

其功能是吸收来自器械的冲击力，可以有效地平衡器械，延长健身器的使用寿命。

（3）电子科技

在法国有一种男女都可使用的，不用自己运动就能使身体苗条的健身机(又称自动体操器)。这种机器的原理，是通过向需要收缩的肌肉发出电子信息，使肌肉不断运动，达到和人体自然运动一样的效果。它备有八个软的圆盘，使用时，先把它们放在需要锻炼的肌肉部位和体形需要改变的部位，肌肉就进行大幅度的收缩。使用后，数星期就可使松软多脂的腰、腹、大腿瘦下来。国外风行的EBA—16型的减肥机，是当前一种内部安装电脑的减肥机器。它带有16个垫片，用电池驱动，可在休息和睡眠中使用。电脑能根据各个部位的肥胖情况，自动调整工作状态。澳大利亚有关医生验证认为，此机确实有效，其作用类似运动减肥，有的人使用这种机器五个月，体重就由原来的112千克减至56千克。

5.企业内部

澳瑞特健身器材有限公司是一家专业运动、家庭休闲健身器生产厂商，它也是我国生产健身器材规模最大的厂家。澳瑞特公司的前身是一个以自行车制造业为主体的工厂。为适应市场需求变化，20世纪90年代初，从研制第一台健身车开始，澳瑞特汇聚和优化了全部的技术资源，引进了国际上先进的生产设备和工艺，潜心于制造健身运动产品，并成功地培养了令人信赖的品牌“澳瑞特ORIENT”。

时至今日，澳瑞特公司已开发了专业体能

训练、家庭休闲运动、户外全民健身趣味运动等十大类180余种产品。澳瑞特产品设计汇集了流行欧、美、亚等地健身运动的理论思想及技术特点，集科学性、趣味性、安全性为一体，独特地制造出适合不同环境空间、气候条件、不同的运动人群、趣味盎然的组合式健身器材。该公司设计制造的组合系列健身器械是为了配合全面健身运动的深入展开，改善运动环境条件，全面提高国民身体素质。产品分两大系列——不锈钢系列及多彩喷粉系列，适用于国内外各地区不同气候环境。多彩喷粉系列的表面工艺处理无污漆，完全符合环保标准，是全民健身运动的推荐产品。经国家体育用品检测中心认证，符合安全标准。其产品先后获得中华名牌商品、全国用户满意产品。全国畅销国产商品 “金桥奖”、走向世界的100家中国名牌等几十项荣誉。并于1996年底在全行业首家通过IS09001质量体系认证，持续保持质量体系在企业有效地运行，将“用户需求，用户满意”融入产品开发及一切考核标准，维护“全国用户满意企业”的声誉。

6.企业外部

几年来，澳瑞特健身器材有限公司在众多国内健身器生产厂家中脱颖而出。其原因不光是澳瑞特健身器材有限公司拥有使公司协调发展的专业化、标准化的管理模式，还在于其完整、系统的外部营销手段。

澳瑞特健身器材有限公司的营销服务网点遍及国内31个省、市、自治区、形成了“以销售中心为龙头，以专卖店为特色，以大型商场为触角”的现代化营销格局，极大地方便了产品的销售和服务。确保用户的利益，同时对用户在产品使用指导方面也提供了保障，澳瑞特公司把“用热心、凭信心、靠诚心、换真心”作为自己的营销理念，真诚服务于广大消费者。其特约售后服务维修站遍布全国46个城市，极大地保障了对消费者的服务及利益承诺。接到维修通知后，24小时内维修人员到位，软故障解决时间为24小时，无法在现场维修的故障解决时间视其严重性三天到一个月内解决。同时澳瑞特公司还积极开拓国际市场，自营出口美国、澳洲、欧洲、中东等20多个国家和地区，服务于全人类。

7．市场需求

健身器作为健身器材的一个种类，其市场发展之快，普及率提高之迅猛确实令人瞩目。健身器已然成为消费领域中颇令人关注的问题。所以在做健身器设计以前，我们有必要作细致的市场调查，以便了解健身器究竟能有多大的市场活力及社会对健身器的需求状况。

（1）当前国际市场概况

综合国外的一些资料，近几年，全球健身器的产量保持在5000万台左右。包括韩国、日本在内的亚太地区现已作为健身器的最大的产地和供应商，年产量大约在3500万台。除此之外，美国和欧洲各有几百万台的产量。就全球总的需求情况看，健身器的总体市场近期不会有大的变动，但产量和供应商将会有一些变化，即亚太地区将形成健身器的主要产地和供应地；产品的规格档次虽不会有太大的变化，但作为健身器产业的先期发展国——日本和美国，依托技术上的优势将会以输出技术和资本为主。受这种工业化迁移及地区经济的影响，以中国为主的一些亚洲发展中国家和地区也逐渐形成了新的健身器生产基地。这也为中国等发展中国家创造了巨大的商机。

（2）当前国内市场概况

健身器在我国真正形成消费市场是在20世纪90年代后，形成规模也仅是在近几年。但健身器却以惊人的速度发展和占领市场，真可说是“忽如一夜春风来，千树万树梨花开”。但在健身器火爆的生产、销售场面的背后，也存在着生产厂家众多，产品质量参差不齐，价格大战，广告大战等问题，许多厂家不重视售后服务等影响市场需求的因素也是存在的。

据好家庭公司的前景调查显示，我国健身器市场仍存在商机，有48%的消费者表示有可能在未来购买健身器；约37%的消费者趋向不购买；另外有约15%的消费者不能决定自己是否将在未来购买健身器。其中约有47.5%的女性消费者表示要在未来购买健身器，比男性消费者的22.5%高出25个百分点。这一数字显示，女性消费者对于健身器市场来说是不可忽视的消费群体。这就要求厂商要采取有效的策略吸引这一消费群体。

从对使用健身器的用户的使用率的调查报告图可以看出，三年前购买健身器的用户的使用率不到20%，而如今经常使用的用户达80%以上。这说明人们逐渐认识到健身器的作用。同时这也加大了健身器的磨损率和更新换代的频率。

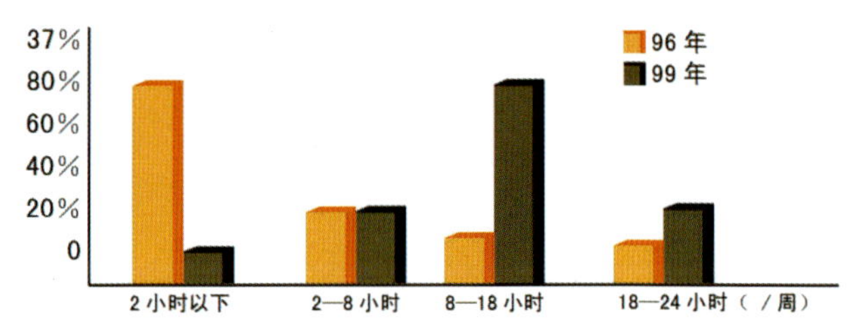

健身器用户的使用率调查报告图

考察不同年龄的消费者对健身器的需求概况时，22～30岁的消费者在考虑未来是否购买健身器的态度是最积极的；而31～40岁的消费者的消费心态比较成熟，约有50%的消费者表示未来一定不会购买；出人意料且值得商家注意的是，方便人们运动的健身器居然未获得岁数较大的消费群体。

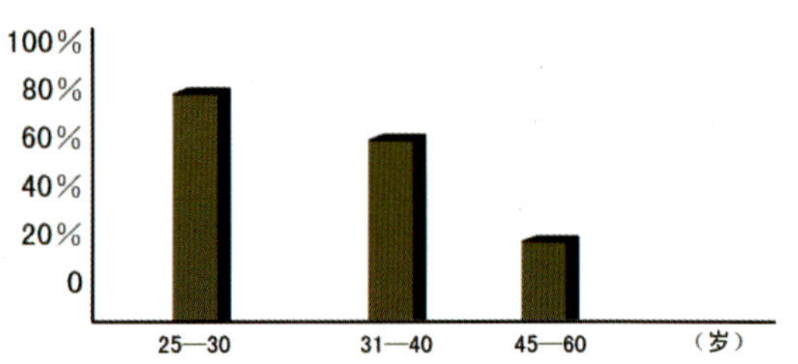

不同年龄的消费者对健身器的需求概况

家庭月收入的高低也制约着消费者的购买力，家庭月收入越高，消费者未来购买健身器的可能性也越大。此次调查中家庭月收入800元以下的不购买健身器的比率高达83.3%；月收入在800～1000元的家庭大约有60%表示将来不会购买健身器。所以，商家必须有效地降低健身器的价格以克服这种市场障碍。

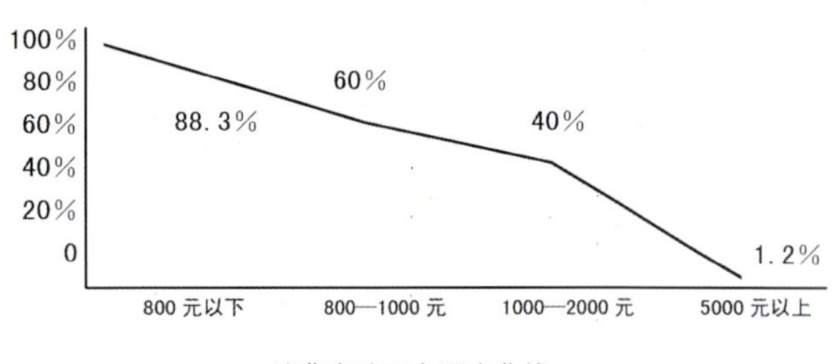

消费者购买力调查曲线

考察产品各档次的市场占有率可对产品进行更好的消费者市场定位，中高档健身器的市场占有率都很高，就健身器控制部分微电脑的采用率而言，已从两年前的70%上升至80%。这说明集成微电脑的健身器所占的市场比例迅速上升。人们的消费点也主要集中在这两个档次。但有些健身器生产厂家却不顾市场的需求，盲目地生产。但中国的低档健身器市场究竟有多大，充其量不会超过100万台，很可能只有几十万台，而现在这一档次的健身器却以几何级数快速增长。

从对市场的需求调查可以了解到，现在我国健身器市场呈现出半喜半忧的局面。

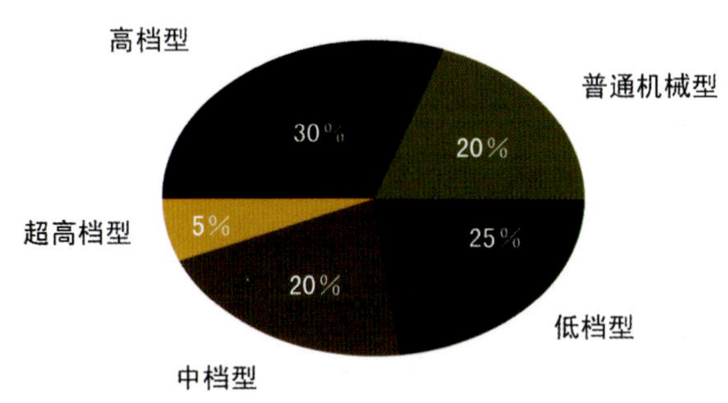

三、分析问题

1．需求分析

20世纪末，由于第三次浪潮的冲击，在各行各业掀起了划时代变革风暴。在这场风暴的冲击下，人们的思维方式、价值观、消费观等都有了不小的变化，健康问题受到越来越多重视。

面对今天的社会，作为一名现代人除了应具有挑战世界的智慧和才干外，还应具有健康的体魄和良好的心理素质。因为现代人要承受繁重的工作压力、生活的诸多波折和事业的风云变幻，健身运动是塑造身心健康的有效手段。因此，据京、沪等一些大城市百货商场的销售统计，健身器近来的销售日渐突出，几乎可以与洗衣机、电冰箱等大家电相比。根据近年来行业汇总的情况看，其产业规模已远不只几百万台，实际产量仍在继续递增。仅在1998年，其市场需求量已接近400万台。截至1999年3月底，健身器的家庭普及率已接近23%，比1994年增长了22.4%。综合国内外的一些资料，近几年，全球健身器的产量保持在 5000万台左右，即使是健身器市场发展较为完善的美国和日本，二者的市场普及率进入饱和状态都不是100%(而是在80%～90%)。因此有理由说，健身器在我国(即使在城市地区)的普及率要达到上述两个国家的水平，还需要相当长的时间。由此可见，人们对健身器的需求具有巨大的潜力。

2．社会因素分析

科技革命带来的生产效率的提高，使社会财富逐年递增，产品成本逐年下降。这意味着人们的消费观念由原来的物质利益为主导转为精神利益为主导。人们有更大的自主性，加上追求健康和完美体态的呼声高涨，人们对于健身器材的需求越来越大。再加上健身器在制造上采用了许多最先进的科学技术，形态上也不断地推陈出新，使别致典雅、科学实用的健身器逐渐走进家庭，成为家庭健身锻炼的必备用品。一些造型靓丽、科学含量高的健身器更使众多女性消费者一见倾心。可以说，现代健身器已成为社会生活的一部分。它的出现与发展都是高度工业化下的必然结果。

3．环境因素分析

健身器的使用基本上都在健身房或家庭使用，但健身器的使用环境也是人们运动的环境。因此，在设计过程中，我们必须进行一定的环境因素分析。环境因素包含自然气候因素和人为环境因素。现代健身器一般采用先进的材料和制造工艺，基本解决了自然环境对健身器材的影响。因此，现在市场上的健身器大都可以适合全世界各种气候特点的地区。

健身器自身对环境要求不高，但为了使人们更加健康地进行锻炼，所以健身器受人为环境因素影响较多。

家庭健身器对环境的大小没有特殊的要求，只需要相对宽敞、空气流通、温度适中、环境优美的空间。健身房配置健身器对环境有较高的要求，以下是健身房配置建议。

一个具有规模的健身房需要宽敞、空气流通、温度适中、环境优美的空间、配备专业指导教练及齐全的健身设备。合理培植健身房的健身设备，需考虑同时容纳进行锻炼的人数，并兼顾可锻炼全身各部位肌肉及满足力量型训练、心肺功能训练、康复休闲运动等多方面需要的几个因素。主要分为以下几个区域：心肺功能训练区、力量型训练区、形体训练区、休闲康乐保健区。

空间处理要点

（1）室内空间的安排应考虑使用顺序：接待、更衣、厕所、桑拿浴、练习室、淋浴、头发吹干等。

（2）其他空间的要求：

跑道区域　24.36×12.19m

垫上运动区域　15.24×12.19m

小型练习器械区　10.34×7.32m

（3）更衣室衣柜的数量应以注册的成员为依据，为成员数的20%或最少应设100个衣柜。更衣长凳长度应为0.91～3.66m。长凳两边应留出允许通行的宽0.76～0.91m的通道。

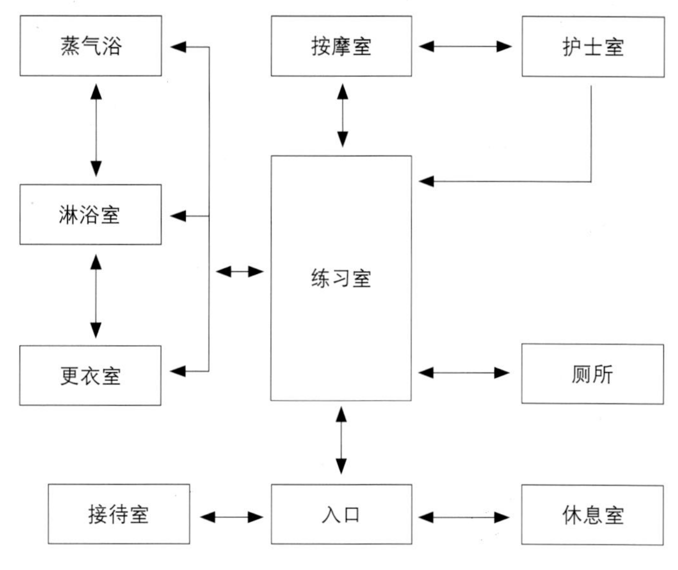

功能全分析

1.主要入口及门厅
2.职员办公室
3.休息室
4.顾客接待柜台
5.护士办公室
6.练习大厅
7.洗手间
8.雾化吸入疗养室
9.按摩及日光室
10.桑拿浴
11.蒸汽浴室
12.涡流浴室
13.涡流发生设备间
14.淋浴室
15.更衣间
16.头发吹干室
17.体重称量

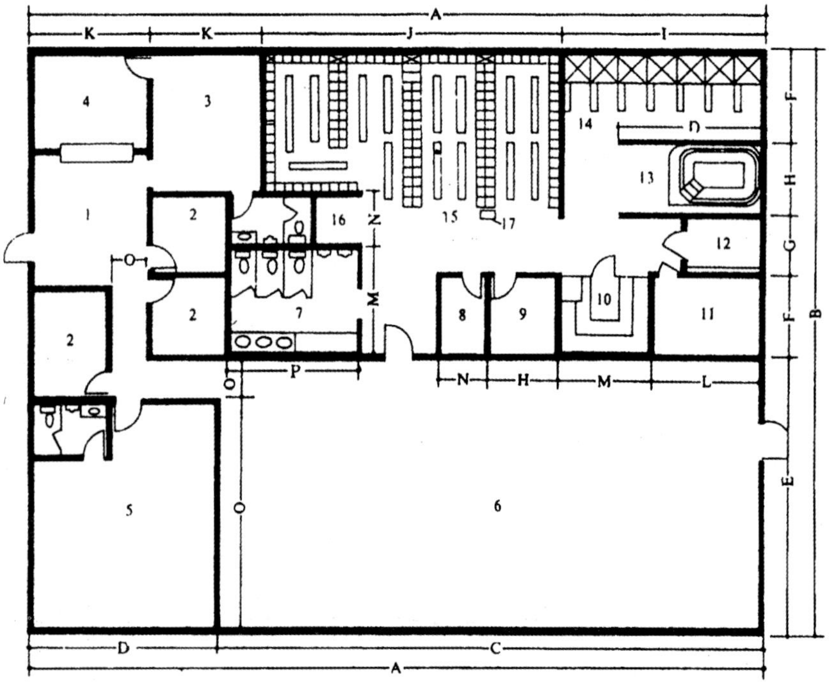

A	24.38	J	9.75
B	18.59	K	3.96
C	17.98	L	3.45
D	6.40	M	3.10
E	8.53	N	1.52
F	2.74	O	1.22
G	2.13	P	4.72
H	2.44	Q	7.01
I	6.71		

4．历史与现状比较

从20世纪70年代出现的第一台健身器到现在，健身器已走过了三十几年的历史。就是在这短短的几十年中，健身器无论是种类、技术原理、外观造型还是制造材料的应用都有飞速的发展。健身器最初只有机械式一种，时至今日，健身器种类日益繁多，大致可分为三类。第一类是全身性健美器械，如大型机械健身器、电子健身器、全身健身器。第二类是局部性健身器，如超声波美容器、步行器、漫步机。第三类是小型的家用健美器，大家比较熟悉的有跑步机、陆上划船器、固定式健身自行车、健美骑士等。由这三类衍生出来的健身器更是数不胜数。健身器的体积也由开始时的十几吨到现在的几十公斤，现在最轻的跑步机仅有2.5公斤。并且现在的健身器使用的方便程度也是几十年以前无法想象的。自从集成了微电脑技术，人们只需按几个按键，就可以随意调节训练的强度，也可以在电脑的指导下作系统的体能训练。其效果甚至比有专业指导教练的指导更好。毋庸置疑，健身器较以前有了巨大的发展，但它还只是处于“儿童时期”，这就需要我们继续努力做出更多更好的设计，使其逐渐走向成熟。

5.市场分析

(1) 市场特点

①市场正处于发展期。健身器在我国真正形成消费市场是在90年代后，形成规模也仅是在近几年。就目前看，市场主要还集中在大城市或城镇地区，广大的农村市场仍属空白。虽然如此，据京、沪等大城市百货商店的销售统计，健身器近来的销售日渐突出，几乎可与洗衣机、电冰箱等大家电相比。根据近年来行业汇总的情况看，其产业规模已远不只几百万台，实际产量仍在继续递增。仅在1998年，其市场需求量已突破400万台。

②目前市场以价格竞争为主。由于市场处于初级阶段，发展迅速，竞争必然激烈，但目前的竞争多限于价格竞争。这也是市场处于初级阶段的特点，随着市场的发展、深入及逐渐成熟，以及消费者对这一产品的逐渐认识和接受，竞争的形式也将会过渡到质量、品质、服务及综合实力等全方位。

③仍属于“引导消费”型产品。以人们生活中对健身器的依赖程度而言，它不像电冰箱、彩电等已作为生活中的必需品，即“主动消费型”产品，而是属于“引导消费”型产品。这既是健身器的产品特点，同时，也在某种程度上决定了其市场特点。

(2) 发展前景

“一高三密集”型产品　健身器是发展较快的家用电器产品，同时又是附加值较高的产品，属于“技术密集”、“资金密集”、“人才密集”型产品，因此，就决定了其投入、产出的周期要相对地长。因为从引进、消化、吸收到规模化生产需要一个过程。越是“一高三密集”型产品，这一过程就越长。

从分散到集中，从粗放到集约　以目前的生产态势上看，企业布点过多，投资分散，难以发挥出应有的效益。从我国的电冰箱、洗衣机的发展历程上看，健身器产业也必将重复这一过程，即从分散到集中、从粗放到集约、从无序到有序。这是一条经济发展的必然规律。

市场普及率的饱和点及过程　随着人们生活水平的逐年提高，虽然可以预见，健身器在国内会有相当的市场潜力，但其市场的发展终将是逐步的。借鉴对健身器依赖性较强的美国和电子工业发达的日本之经验，二者的市场普及率进入饱和状态都不是100%(而是在80%～90%)，因此，有理由说，健身器在我国(即便是城市地区)的普及率要达到上述两个国家水平，还需要相当长的一段时间。

6.产品分析

造型美学分析：

产品造型应结合有机与几何造型，让整个量体在抽象经验与具体事物之间找一个融合的平衡点。它所具有的有机动感，正如米罗所说："形象的外观既动又不动，正因它是不动的，才可给予动感的暗示及产生无止境的动态。借由简单流畅的线条，让形体的每一个角度，都有新的想象空间，亦使每一个观看者都有不同的感受。"

机能分析：

各种健身器的工作原理都有显著或细微的差异，但其工作机能却是基本一致的。现代健身器向着操作简单易用但功能完善的方向发展。

结构分析：

使繁复的部件逐一简化、群组，从而使产品造型简洁明了，结构清晰，同时也降低了成本。

材料分析：

各种新材料的应用既降低了健身器的生产成本，也增加了产品的耐磨度。

色彩分析：

随着时代的发展，传统的黑色、白色等已不再适合现代人的口味，取而代之的是亮丽的原色和个性化的色彩搭配。

7.专利法规标准

中华人民共和国国家标准

UDC　688.7 614.8

GB　8824—86　ICTI—60

第一篇机械和物理性能

8.使用安全

锻炼总有循序渐进的过程，根据你的身体情况，一般开始时以锻炼5～10分钟为宜，以后可以增到20分钟以上。

使用本产品前，请向医生咨询，作必要的身体检查，确定锻炼频率和强度。

使用本产品时，请不要让小孩接近。

锻炼时务请穿适身的运动衣和运动鞋，不要穿肥大的服装，以免运动中被器件勾住。

使用时应注意检查所有螺栓螺母是否上紧，平时要作好定期保养。

9.其他因素分析

其他因素分析包括包装、销售、安装、运输、售后服务、产品维修、环保等，作为一个现代工业设计者，设计过程中不能仅仅局限在产品的形态和功能上。这些因素都是设计过程中应当仔细研究推敲的。

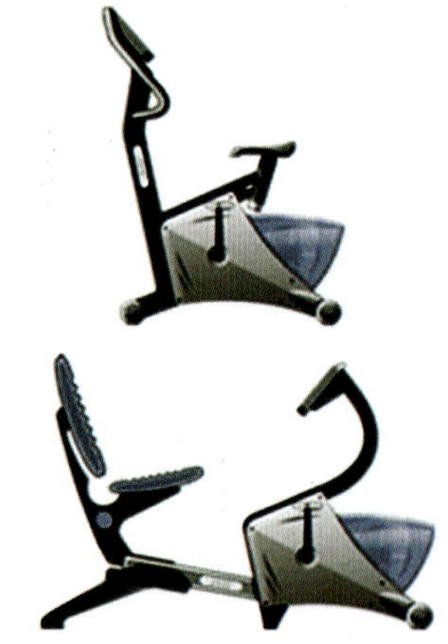

一、功能划分

健身器按其功能主要可划分为以下几个部分

A.控制面板　B.座位或站立位

C.施力面(手柄、拉杆、踏板、履板等)

D.主体　*E．微电脑及监控系统

注：*表示该项只在部分健身器中出现。

二、方案变体

A.控制面板　B．座位或站立位

C.施力区(手柄、拉杆、踏板、履板等)

D.主体*　E．微电脑及监控系统

注：*表示该项只在部分健身器中出现。

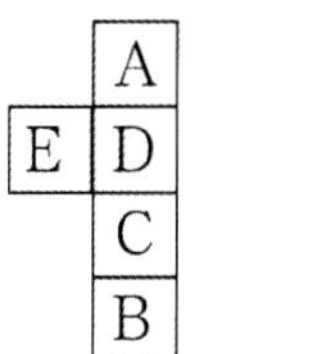

方案变体 1

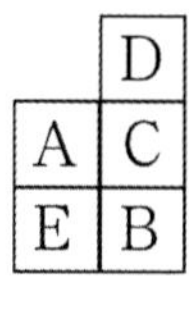

方案变体 2

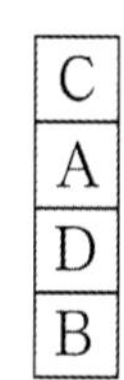

方案变体 3

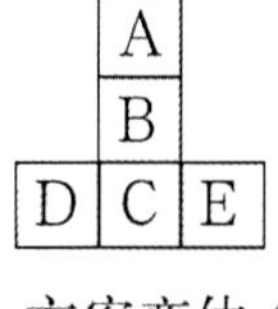

方案变体 4

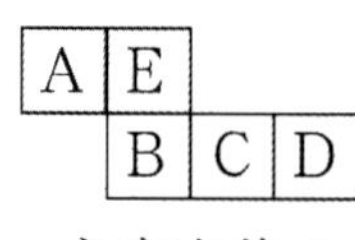

方案变体 5

三、原理结构确立

（一）利用固定在支架上的定滑轮或短力臂杠杆，改变重物的重力方向为施力方向的相反方向。

（二）模拟现实中的一些体育项目。主要是利用与运动者施力方向相反或成角度的人为制造的阻力或摩擦力为运动者提供一个虚拟的运动环境。

（三）利用滚筒或皮带带动踏板，做顺时针或逆时针运动，从而提供相对静止的跑步环境。

（四）通过健身器自身的形态来帮助运动者完成特定健身动作。

（五）通过向需要收缩的肌肉发出电子信息，使肌肉不断运动，达到人体自然运动一样的效果。

四、比例尺度设计——人机工程学设计

以功能为主导的设计思想到目前为止仍是一种上流思想。在这种思想的影响下，设计者在对人机工程学的研究上花费了更多的精力。因而出现了许多功能良好、风格简洁的设计作品。设计健身器这种与人配合十分密切的产品，更要仔细推敲是否符合人机。

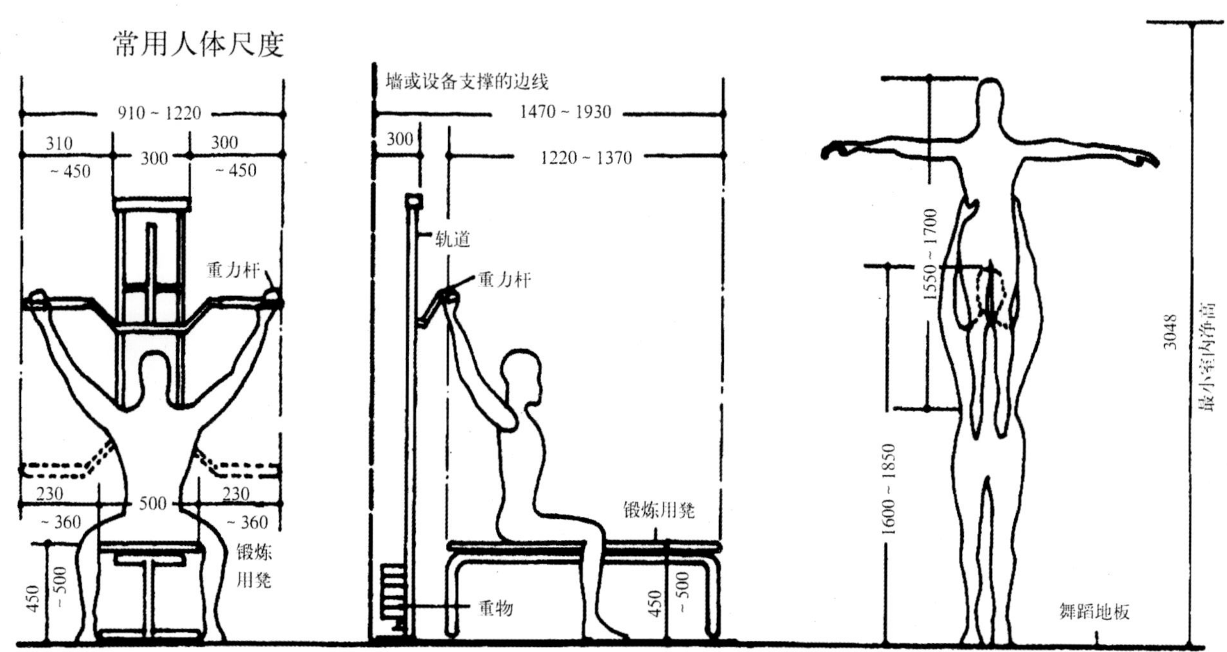

五、草图及草模型

方案确立

一、了解各种设计方案

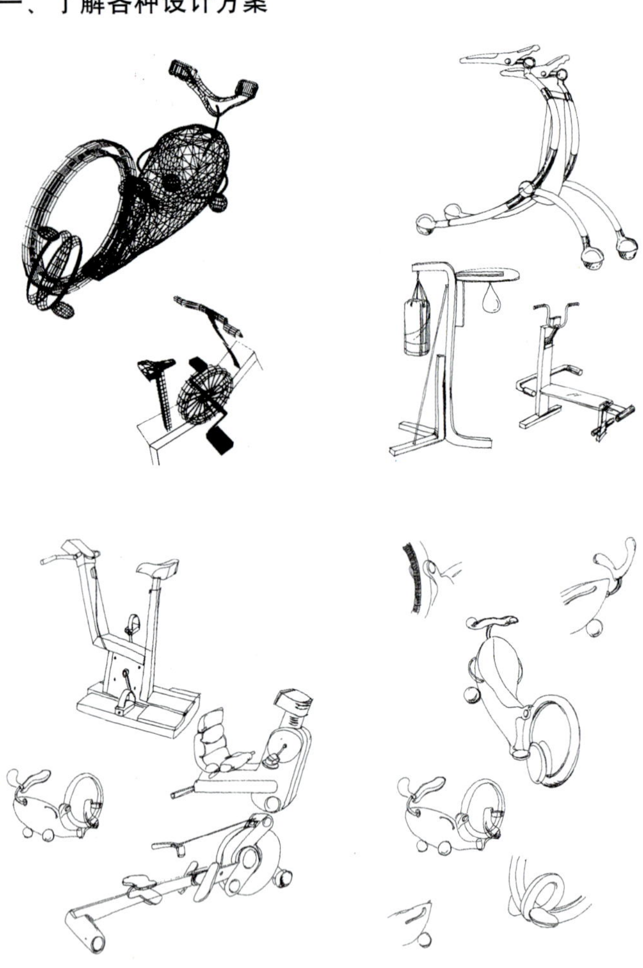

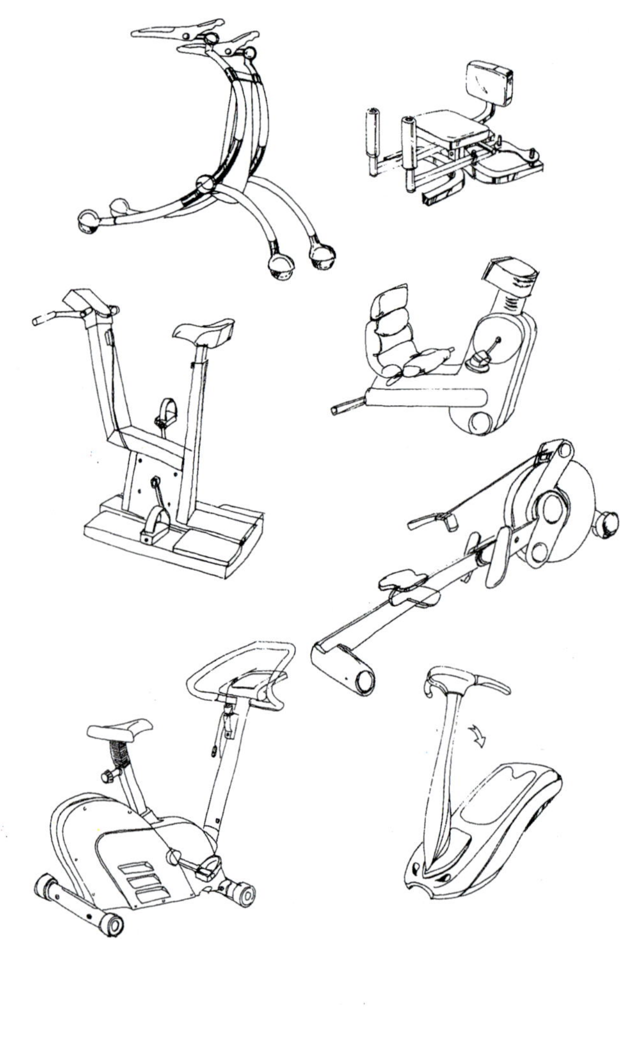

二、选择最佳方案

设计实现

一、组织结构及细部处理

二、图纸形成

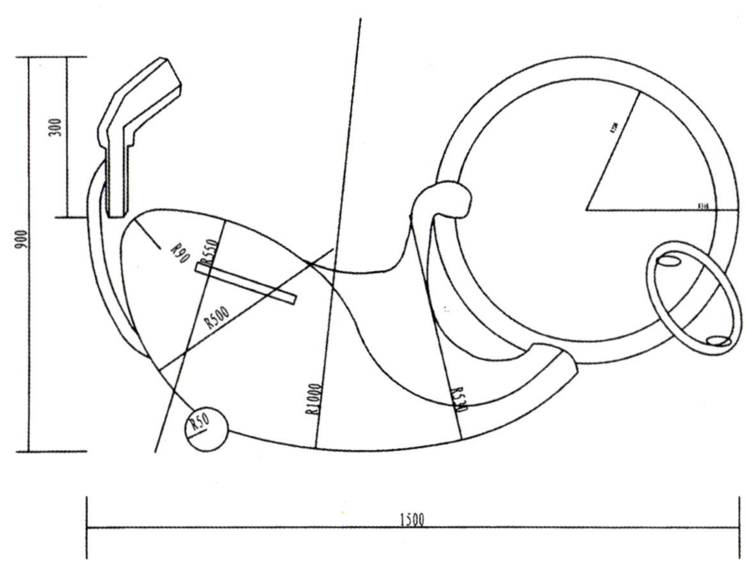

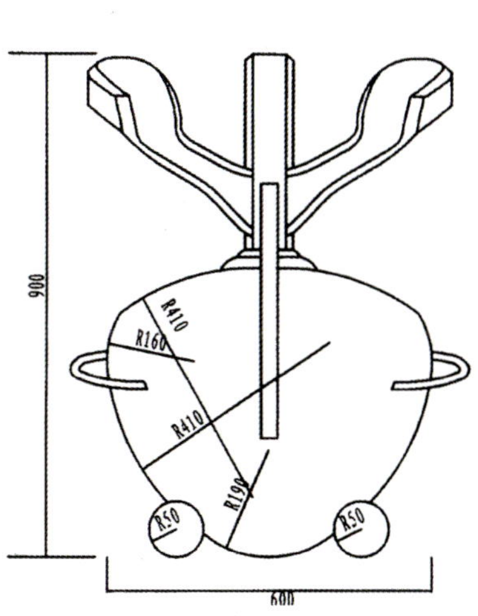

该产品是一款集休闲、交通 健身等多功能的电动车设计设计。整体造型简洁、时尚、流线型设计。不同于传统电动车的是，当用于健身的时候，可以产生能量，从而转化成电能，储存到内置蓄电池中。可以用于出行时的供电。

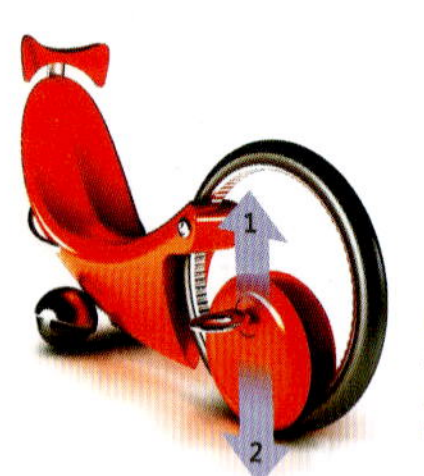

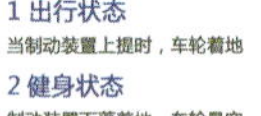

侧视图

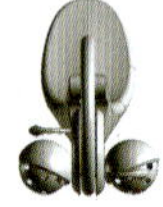

正视图

三、评估和确立方案

该设计的工作原理是建立在椭圆传动装置基础上，而并非沿用链式传动装置设计方式。这不但使健身器的形态更加简洁，便于运输，而且使力的传导更加容易控制。从而使运动者可以根据自己的需要“微调”运动的力度。人机工程学的应用在整个设计过程中有决定性的作用。任何不舒适的感觉都可能影响运动的效果和运动者的心情。而该设计合理地应用了人机工程学的原理，改变了传统的固定自行车式健身器直立的坐势为半卧式，这样可以减轻运动中对腰部的压力。舒适的靠背也作为一个固定点使运动者更便于用力。外形上采用流畅的流线型设计，使该健身器富有运动感。内置微电脑可以帮助运动者更加科学地健身。

四、模型制作

模型制作过程在设计中占有重要地位，通过模型制作可以充分了解设计方案，从而解决一些设计时无法预想到的问题。

模型制作一般采用ABS塑料材质，因为ABS塑料可塑性强，富于弹性，容易加工，易粘接，压型方便，适合制作产品模型。

模型制作可分为外观模型和样机，外观模型只是制作一个与设计相同的机体外壳，不需要制作模型内部的具体结构，只供用户观看参考其外观，没有实际的使用功能。样机则不同于外观模型，它是制作一个与设计的外观和功能都一样的模型，不仅具有设计时已定的外观形状，还具有设计中所包括的产品的使用功能。

制作过程是按照设计完成后画出的制作图纸来制作，比例、尺寸、安装等都必须按照设计图纸中的设定来制作。

将ABS加以固定，然后加热至适当热度，放在之前已准备好的石膏模型上压出所需的形状，经过修改磨制，以及需要相连的部分粘接，最后制作完成。

选择设计中设定的颜色喷漆，将模型喷涂上准备好的漆。这时模型就已经基本制作完毕。

五、产品说明

本作品为卧式健身车设计方案。该设计符合时下现代人追求个性化、喜好多样化选择的心理。它具有以下特点：

1.模具化配件（可依个人色彩上的喜好置换健身器外壳、靠背等）。

2.整体采用宛若飞鸟一般流畅的大圆弧造型，极具动感。

3.新式的椭圆式传动装置。

4.内置式电脑控制，操作更加简便，运动更加科学。